本书受中共四川省委党校（四川行政学院、四川长征干部学院）资助

成渝地区共建具有全国影响力
科技创新中心的战略与路径研究

胡　雯等◎著

CHENGYU DIQU GONGJIAN JUYOU QUANGUO YINGXIANGLI
KEJI CHUANGXIN ZHONGXIN DE ZHANLÜE YU LUJING YANJIU

四川大学出版社
SICHUAN UNIVERSITY PRESS

图书在版编目（CIP）数据

成渝地区共建具有全国影响力科技创新中心的战略与
路径研究 / 胡雯等著 . — 成都 ：四川大学出版社，
2022.6
　　ISBN 978-7-5690-5541-2

　　Ⅰ . ①成… Ⅱ . ①胡… Ⅲ . ①科技中心－建设－研究
－成都②科技中心－建设－研究－重庆 Ⅳ .
① G322.771

中国版本图书馆 CIP 数据核字（2022）第 114671 号

书　　　名：成渝地区共建具有全国影响力科技创新中心的战略与路径研究
　　　　　　Chengyu Diqu Gongjian Juyou Quanguo Yingxiangli Keji Chuangxin Zhongxin de Zhanlüe yu Lujing Yanjiu
著　　　者：胡　雯　等

选题策划：罗永平　宋　颖
责任编辑：罗永平
责任校对：毛张琳
装帧设计：墨创文化
责任印制：王　炜

出版发行：四川大学出版社有限责任公司
　　　　　地址：成都市一环路南一段 24 号（610065）
　　　　　电话：（028）85408311（发行部）、85400276（总编室）
　　　　　电子邮箱：scupress@vip.163.com
　　　　　网址：https://press.scu.edu.cn
印前制作：四川胜翔数码印务设计有限公司
印刷装订：四川五洲彩印有限责任公司

成品尺寸：170mm×240mm
印　　张：12.75
插　　页：2
字　　数：226 千字

版　　次：2022 年 11 月 第 1 版
印　　次：2022 年 11 月 第 1 次印刷
定　　价：68.00 元

四川大学出版社
微信公众号

序

2020年1月3日，习近平总书记在主持召开中央财经委员会第六次会议时强调，要推动成渝地区双城经济圈建设，并明确成渝地区目标定位——"具有全国影响力的重要经济中心、科技创新中心、改革开放新高地、高品质生活宜居地"。这充分体现了党中央对新一轮科技革命和产业变革及其全球和区域竞争格局重塑趋势的深刻洞察，体现了党中央对新时代推进西部大开发形成新格局、促进国家区域协调发展的战略考量。推进成渝地区建设具有全国影响力的科技创新中心，不仅有利于加速打破两地科技创新资源要素的流动壁垒，加快两地科技、产业、人才等资源的系统整合，达到"1+1＞2"的协同效应，更有利于强化和提升成渝地区在全国乃至全球创新版图中的战略地位，打造国家战略科技力量重要承载区和创新要素加速汇集地，服务于国家高水平科技自主自强发展战略。因此，研究推进成渝地区共建具有全国影响力科技创新中心的战略与路径，具有显著的理论意义和实践意义。

本书共分为六章：第一章为"科技创新与经济高质量发展"，紧密围绕科技创新与经济高质量发展两大主题，强调了创新是经济高质量发展的第一动力，分析了创新的内涵、主体、特征、模式、意义，研究了科技创新中心的内涵、功能、特征、形成机制和演进规律。第二章为"成渝地区共建具有全国影响力科技创新中心的基础与挑战"，全面梳理了成渝地区在创新资源集聚、创新成果规模、创新辐射效应、创新环境优化、新兴产业发展等方面的基础状况，分析了成渝地区在创新资源结构、创新产出质量、创新协作能力、创新平台服务能力、新兴产业合作等方面面临的挑战。第三章为"国内外科技创新中心的建设经验及启示"，回顾了全球科技创新中心在意大利、英国、法国、德国、美国等国家的兴起和演进历程，并聚焦美国硅谷、日本东京、英国伦敦，以及我国北京、上海、广东等科技创新中心建设典型实践案例，发现和凝练富有价值的启示和借鉴。第四章为"成渝地区共建具有全国影响力的科技创新中心：战略定位、空间布局与战略重点"，在对比分析北京、上海、粤港澳大湾区三大科技创新中心的基础上，阐释成渝地区建设具有全国影响力的科技创新中心的空间布局和四大核心支撑体系，并重点研究了成渝地区共建具有全国影响力的科技创新中心的战略定位、战略目标与战略重点。第五章为"成渝地区共建具有全国影响力科技创新中心的重点任务"，从协同集聚高端创新资源、协同布局创新链产业链、协同织密创新网络、协同优化区域创新环境、推动"一带一路"科创合作等角度出发，明确了成渝地区共建具有全国影响力科技创新中心的重点任务。第六章为"成渝地区共建具有全国影响力科技创新中心的制度体系"，重点围绕顶层设计、知识产权保护、激励制度体系、科技金融服务和科技体制改革五个方面，对成渝地区共建具有全国影响力科技创新中心的制度体系进行探讨。

课题组长期关注区域一体化战略与成渝地区建设发展，持续以问题为导向，深入实践调研、合作开展相关研究。本书是课题组成员协作成果：第一章由严红教授撰写；第二章由薛蕾博士撰写；第三章由陈燕副教授撰写；第四章由胡雯教授撰写；第五章由李慧教授撰写；第六章由石旻博士撰写。作为长期共事与合作的团队，我们仍将对现实问题予以持续关注与思考求索。

目　录

第一章

科技创新与经济高质量发展

当今世界正经历百年未有之大变局，新一轮科技革命和产业变革正深入发展，我国已进入经济高质量发展新阶段，创新成为引领发展的第一动力。创新的实质是新的创意和市场价值的有效结合，具有高投入、高风险、高收益等特征，包括高校、科研院所、企业、金融机构、中介机构和政府等创新主体。科技创新中心是创新主体集聚形成的科技创新高地，具有功能支配性、结构层次性、空间集聚性、产业高端性和文化包容性等特征，正成为支配创新资源流向、影响创新板图演变、引领经济高质量发展的决定力量。充分认识科技创新中心的形成机制和演进规律，加快推动科技创新中心建设，对于成渝地区深入实施新发展理念、加快提升综合竞争力、有序推动经济高质量发展具有非常重要的理论意义和战略意义。

第一节　创新是经济高质量发展的第一动力

一、创新的内涵

美籍奥地利经济学家熊彼特（Schumpeter）于1912年最先提出创新理论，从而开启了创新经济学研究的先河。熊彼特认为：创新是新发明、新技术等在经济中的首次应用，在新发明、新技术等的催化作用下生产要素重新组合，即建立一种新的生产函数。

根据创新的不同重点，熊彼特又将创新分为五种类型：一是生产出一种新的产品，或提高原产品的质量；二是采用一种新的生产方法，即在有关的制造部门中首次使用的方法；三是开辟一个新的市场，即该产品不曾进入过的市场，不管这个市场以前是否存在；四是掠取或控制原材料或半制成品的一种新的供给来源，不管这种来源是已经存在还是第一次被创造出来；五是实现一种工业的新的组合，比如造成一种垄断地位，或打破一种垄断地位①。以上五种创新类型可以依次简称为产品创新、工艺创新、市场创新、原材料创新、组织创新（或管理创新）。其中，产品创新是对产品外观、性能等方面的改进，使其更好满足消费者需要；工艺创新是对产品制作方法、制造过程的改进，通过工艺创新可以实现产品生产成本的节约、增加生产者利润；市场创新是对产品销售市场的拓展，使产品满足更多消费者需要，以实现产品更大的价值；原材料创新是使用一种或多种以前从未使用过的原材料生产同种类型的产品，新的原材料可以改善产品的性能，也可能降低产品的生产成本；组织创新就是通过企业组织方式的改变提升企业的生产和管理效率，提升企业的运行效率，比如国有企业改革就是对企业组织方式的改变，通过建立现代企业制度激发企业活力、提高企业组织效率。无论是产品创新、工艺创新还是原材料创新，都需要依托于技术进步，技术进步是实现产品创新、工艺创新和原材料创新的真正源泉。市场创新需要实施对外开放政策，通过分工合作实现参与主体的效益最大化。组织创新需要制度变革形成企业新的组织方式或管理方式，明确企业内部各成员的职责与权力，将组织的利益与成员的利益相结合，最大化激发成员的积极性。市场创新、组织创新本质上都是制度创新的结果。因此，创新总体来讲可以分为技术创新和制度创新两种。技术创新是产品创新、工艺创新、原材料创新的基础和前提，制度创新为技术创新营造适宜的组织、氛围等环境，为技术创新提供条件，制度创新的目的是实现技术创新，技术创新如果没有制度创新为其提供条件就无法实现，因此技术创新和制度创新是相辅相成的关系。由此可见，熊彼特所提出的创新的内涵是非常丰富的，不仅包括产品创新、工艺创新和原材料创新等技术创新，也包括市场创新、组织创新等制度创新，是一种广义的创新。

从熊彼特的创新思想可以看出，创新不仅包括新的知识、思想、技术等创新资源的发现和发明，还包括将这些创新资源应用于经济实际产生市场价值的过程。如果只是通过研究形成了新思想、新知识、新技术而没有将这些创新资源形成市场价值，就不能称其是一次完整的创新过程；只有形成创新资源并将

---

① 约瑟夫·熊彼特. 经济发展理论——对于利润、资本、信贷、利息和经济周期的考察 [M]. 何畏，易家祥，等译. 北京：商务印书馆，1990：73—74.

这些创新资源应用于实际的经济活动中实现了产品创新、工艺创新或原材料创新，从而降低了企业的生产成本或提升了企业的利润，才能称其为完成了一次完整的创新过程。因此，创新的实质是"创造新产品，并实现其市场价值"①，即创新＝新的创意＋市场价值（如图 1—1 所示）。

图 1—1　创新实质

二、创新的主体

从创新的实质可以看出，创新包括新的创意形成和将新的创意转化为市场价值并实现其价值的过程，因此创新的主体包括新的创意的提供者、将新的创意转化为市场价值的主体和将市场价值实现的主体。新的创意的提供者往往包括高校、科研院所，将新的创意转化为市场价值的主体往往是企业，市场价值的实现即产品卖给消费者的过程，这往往也是企业实现的，在新的创意形成、转化和实现过程中还需要政府提供环境、金融机构提供资金支持和中介机构提供中介服务，因此创新的主体包括高校和科研院所、企业、政府、金融机构和中介机构五大主体②。

（一）高校和科研院所

高校和科研院所主要是新思想、新知识、新技术等创新资源的提供者。高校分为研究型高校和应用型高校，研究型高校侧重于进行自然科学或人文科学的基础研究，形成科研论文、学术专著、发明专利等，是原创性科研资源的重要来源；应用型高校侧重于对已有科研成果的转化应用，在转化应用过程中对原创性科研成果进行局部改进，形成新的科研成果。无论是研究型高校还是应

①　王缉慈，等. 创新的空间——企业集群与区域发展［M］. 北京：北京大学出版社，2001：325.

②　严红. 区域创新网络理论与成渝经济区创新网络建设研究［M］. 成都：四川大学出版社，2010：40.

用型高校，其核心功能都是培养人才，通过各种层次学历教育培育创新型人才。因此高校除了生产发明专利、论文、专著等科研成果，还会培养大批创新型人才，是创新的重要主体。同时，很多高校为了鼓励在校教师或学生将自己的研究成果进行转化，还创办了孵化器，为教师或学生的科研成果转化提供平台，引导其科研成果实现市场价值，生产出市场需要的产品。通过高校孵化器的培育，有的科研成果经过成功转化被市场接受后逐渐成长为科技型企业，因此高校还有培育孵化创新型企业的功能。

科研院所的主要功能是进行科学实验，发现事物发展的客观规律，形成发明专利、科研论文或专著等，在这个过程中也通过招收硕士研究生、博士研究生或博士后，让学生参与科学实验，训练学生的科研能力，为社会培养和输送大批科研素质较高的专业化人才。因此科研院所不仅是生产新思想、新知识和新技术的重要基地，也是培育高素质科研人才的主阵地。随着我国大批科研院所的陆续改制，许多与实际经济发展紧密结合的科研院所实现了企业化改造，通过产权清晰、权责明确、政企分开、管理科学的市场化改革，极大地促进了创新资源的形成和转化。

（二）企业

将新的创意转化为市场价值是创新过程的关键一步。企业凭借接近市场、资金实力雄厚等优势为创新成果的转化提供载体，在促进创新成果转化中起着关键的作用。根据企业规模和实力的不同，其在创新中发挥的作用也不一样。大企业由于资金实力雄厚，往往建有自己的技术中心，在技术领域占有一定优势，主导该领域的全局创新，引领该领域的战略方向，在该领域的基础创新方面具有权威性。中小企业由于资金实力有限，其创新往往体现在局部改进或外观设计改进方面，其创新力在该领域的影响是有限的。

（三）政府

政府不是区域创新的直接主体，政府在区域创新中的主要职责是通过改善创新的硬环境和软环境为其他创新主体开展创新活动提供条件。影响创新的硬环境包括交通、通信等基础设施，影响创新的软环境包括创新政策、创新氛围、市场体系、诚信体系、法治体系等。政府可以通过直接拨款支持高校或科研院所进行国家重大战略技术研究和重大基础技术研究，也可以通过制定优惠税收政策或金融政策支持企业开展科技创新，通过政府的政策导向为其他创新主体指明开展创新的方向。创新氛围的营造对创新也起着重要作用，积极、宽松的创新氛围可以激发创新主体的积极性，政府可以通过奖励创新成功者、宽容创新失败者等多种方式营造创新氛围，激励创新者在创新的道路上执着追求，形成不达目的誓不罢休的创新精神。良好的市场体系可以促进创新要素顺畅流动，加速互补性创新资源有效对接，有利于创新活动的顺利开展。政府可以通过规范市场监管、统一市场规则、打破市场壁垒等方式建立区域一体化市场体系，有效促进创新要素顺畅流动。良好的诚信体系是创新主体合作创新的重要条件。政府可以通过建立完善的征信系统、将个人或法人的信用记录与融资或税率相挂钩等多种方式完善区域诚信体系，为创新主体合作创新创造条件。良好的法治体系是创新主体开展创新活动的法治保障，只有良好的法治环境才能使创新主体对创新活动有良好的预期，才能使创新主体放心进行长远的创新投入，使创新具有可持续性。首先要建立法治政府，为良好法治体系的建立提供主体保障；其次要完善与创新相关的法律，做到有法可依；最后要严格依照法律规定惩治违法者，做到执法必严、违法必究。

（四）金融机构

金融机构为创新提供资金支持。金融机构分为银行和非银行金融机构。银行分为中央银行、政策性银行和商业银行。中央银行可以通过制定货币政策引导其他金融机构支持创新。政策性银行主要是为实施国家的特殊政策需要而成立的金融机构，具有企业性和政策性双重特征，也是通过在中央银行的领导和管理范围内制定和实施一些特殊的利率政策、汇率政策支持其他创新主体进行创新。商业银行具有安全性、流动性、营利性三重特征，安全性是其存在和运行的前提，因此追求资金安全是商业银行的第一要求。创新具有技术和经济的不确定性，这就决定了创新具有较强的风险性，因此创新活动获得商业银行的资金支持较为困难。风险投资机构的资金具有高风险、高收益的特征，通过承担风险获得利润是风险投资机构的本质特征，创新过程的高风险性和创新成功后的高额垄断利润契合了风险投资机构的需求，因此创新的资金支持主要来自风险投资机构。风险投资机构的资金支持主要是在创新成果转化阶段，通过对创新成果的评估确定第一笔天使基金的投入数量，同时为了帮助创新成果顺利转化，还会派出管理团队帮助初创企业逐渐发展壮大，并根据发展实际逐步增加资金投入，直至引导企业成功上市。风险投资机构通过出售其投资的股权退出该项目，再去投资下一项创新成果的转化。风险投资机构通过风险资金投入—新技术转化—企业成长壮大—风险资金退出—投资下一个项目，实现对创新的持续资金支持。

（五）中介机构

在创新过程中，中介机构为其他创新主体牵线搭桥，主要目的是促进其他创新主体开展合作创新。中介机构包括交易平台型、转移代理型和技术孵化型三种类型。交易平台型中介机构包括各种交易市场、行业信息网、技术商店、技术信息咨询公司等，这些中介机构通过举办经济技术洽谈会、技术招标会、技术信息汇编推介会、行业博览会、产品交易会等为企业、科研院所、高校等创新主体架起沟通的桥梁，方便相关主体实现信息对接。转移代理型中介机构包括行业协会、技术转移中心、技术开发公司等，这些中介机构通过提供技术评估、技术咨询、法律咨询、管理咨询、信息交流等服务，促进创新成果顺利转化。技术孵化型中介机构包括各种孵化器、大学生创新创业园、留学归国人员创新创业园、农民工返乡创业园等，主要是为初创企业提供硬件设施和政策优惠、人才交流、信息交流、法律服务、融资服务等，帮助初创企业顺利成长壮大。中介机构具有人才资源密集、专业化程度高、组织形式灵活、服务范围广泛、层次类型多样等特点，可以为企业提供多种专业化的服务，方便企业与其他创新主体加强联系，有效对接创新成果需求方和供给方，有效配置创新资源，激活创新主体的创新活力。

三、创新的特征

（一）创新需要高度专门化的投入

创新是对未知领域的探索，需要创设一定的条件对某一领域进行反复试验，发现其中可能存在的规律，然后对规律进行总结形成新知识、新技术，最后再把新知识、新技术应用于经济实际。在创设条件对某一领域进行探索过程中，需要建专门的实验室、聘请该领域的专家组建专家团队、购买相关的专业设备和原材料等，这些都需要高额的资金投入。在反复试验发现新的规律、形成新的知识和技术以后，还要把这些新知识和新技术应用到经济实际才算一次完整的创新过程，这就需要对新知识和新技术等创新成果进行转化。创新成果的转化也需要专门的投入，比如需要购买机械设备进行试生产，在试生产过程中也需要聘请专家分析试生产的产品与市场需求的差距，在不断中试、完善而形成市场满意的产品后才能大量生产该产品。由此可见，从创新成果的形成到转化、中试、投入生产的创新全过程都需要高度专门化的投入，创新是需要资金实力做支撑的。

（二）创新存在"技术外溢"问题

创新形成的创新成果可以是发明专利、科研论文、专著等，这些成果以科研信息的形式存在，容易通过各种渠道被传播，可能会使先入者的成果被后来者窃取，后来者通过吸收先入者的成果信息形成创新产品后，就会大大减少先入者通过创新应该获得的垄断利润。这对先入者来说是巨大的打击，其创新过程的巨大投入可能难以获得应有的回报，并会影响先入者继续投资创新的积极性。如果所有的先入者都不能通过创新获得利润激励，那么整个社会的创新积极性都会降低，社会进步的进程也将会明显滞缓。正是因为创新存在"技术外溢"问题，为了保护创新者的积极性，政府必须制定保护知识产权的措施，给予创新者获得高额利润的正向激励，激发其保持创新的热情，从自身利益出发追求创新。同时，政府还应对窃取先入者创新成果的行为进行打击，形成奖励创新、惩治盗版的社会风气，为创新营造良好的氛围。

（三）创新存在技术上和经济上的不确定性

创新是对未知领域的持续探索，创新者在未来是否能够创新成功面临着技术和经济两方面的不确定性。创新包括产品创新、工艺创新、原材料创新、市场创新和组织创新，产品创新、工艺创新、原材料创新都必须依托于技术进步，市场创新和组织创新都是为技术进步而服务的，因此创新的过程实质上就是技术进步的过程。在技术进步的过程中，就某个阶段而言可能创新主体在某个技术领域并不能实现突破，而其他主体已经在这个领域实现了突破，这就导致该创新主体不能拥有这个领域的领先地位，这就是创新存在技术上的不确定性。创新存在经济上的不确定性表现为创新主体在某个领域投入了大量资金后，不能在这项技术创新上取得突破，最后导致创新失败，投入的资金就是其在创新方面的损失。还有一种可能是创新主体在推进技术创新的过程中后于其他创新主体获得该领域的突破，也使该创新主体不能获得该项技术创新转化成新产品的垄断利润，导致该创新主体出现亏损。当然，社会上也普遍存在创新主体在投入专门化资源进行创新后获得技术进步的成功进而获得新产品生产的垄断利润的情况。因此，创新存在技术上和经济上的不确定性。

（四）创新是技术与经济的有效结合

创新是新思想、新知识、新技术等产生和实现其市场价值的过程，涉及研究、设计、开发、中试、制造、营销、用户体验以及管理和商业活动等诸多环节，是技术活动和经济活动有效结合的过程。如果一项技术通过研究形成专利后没有转化成产品，则这个过程不是完整的创新过程；如果企业的经济活动没有技术创新，则企业生产的产品迟早会被别的竞争者生产的产品代替，最终企业会走向衰败，企业生产的过程也不是创新的过程。因此，只有将技术活动和经济活动有效结合，才能实现创新成果的价值转化，才能真正实现完整的创新过程。嫁接技术活动和经济活动的有效载体是企业，企业的销售部门直接与市场相联系，知晓市场对创新产品的需求，同时企业与高校、科研院所通过产学研合作，为高校和科研院所提供更加及时精准的创新需求，并为高校和科研院所的创新成果转化提供资金支持，因此企业是创新的主体。企业所处的市场环境和制度环境可能对创新活动产生激励作用，也可能产生约束作用，市场条件、企业结构、产业组织等经济因素对创新都产生重要作用。因此，创新是技术和经济的有效结合，二者缺一不可。

（五）创新是创新主体有效联系、互动学习的过程

从创新的过程来看，创新包括技术创新形成创新成果并将创新成果进行转化形成市场价值的过程。新知识、新思想、新技术等创新成果的形成需要创新主体之间加强沟通。企业是创新成果的需求者，只有加强企业与高校、科研院所等创新主体的沟通，为高校、科研院所传达创新需求，才能使高校、科研院

所等创新成果供给者及时调整创新方向，为企业提供所需的创新成果，及时满足市场对创新产品的需要。同样，高校、科研院所等创新成果供给者也需要主动与企业进行对接，及时提供自身的创新成果并促进成果转化，才能真正实现创新成果的价值。创新需要高额的资金投入，在创新成果的生产和转化过程中都需要大量的资金支持，这就需要高校、科研院所和企业等创新主体与金融机构加强联系，及时获得银行或风险投资机构的资金支持。为了有效实现创新成果的顺利转化，产学研联合系统的建立需要行业协会、资产评估公司、生产力促进中心等中介机构为创新主体牵线搭桥，实现产学研的有效对接，提高产学研联合体的运行效率。在创新过程中，政府为其他创新主体提供硬环境和软环境，政府提供的硬环境和软环境的优劣与政府与其他创新主体的联系紧密程度有关。因此，创新的过程是高校、科研院所、金融机构、中介机构和政府等创新主体有效联系、互动学习的过程。

四、创新的模式

（一）线性创新模式

根据熊彼特的创新理论，创新蕴含着"研究—发明—设计—开发—中试—生产—销售—扩散"的线性过程（如图 1-2 所示）。这种创新模式意味着创新是从高校、科研院所等研究机构开始的，研究人员在研究机构进行了无数次的试验，在试验中发现了事物发展的一般规律，通过提取和总结规律，形成新思想、新知识、新技术等创新成果，这些创新成果体现为专利、学术论文、专著等形式；然后通过对创新成果的开发、中试等环节，形成市场可以接受的新产品；最后再由企业进行生产和销售，其他企业在此基础上进行模仿，也逐渐进入该领域。这一创新模式在 20 世纪六七十年代比较流行。在这一创新模式中，各个环节是相对孤立的，从新知识、新思想、新技术的形成到中试、转化、扩散是单向推进的过程，因此该创新模式一般效率较低。

图 1-2　线性创新模式

（二）非线性创新模式

与线性创新模式由研究机构发起创新不同，非线性创新模式不一定由研究机构发起创新，而是可以由客户、供货商、合作方或技术应用方发起，即创新表现为无数次反馈的过程。促进创新的信息可以从市场上的消费者发起，也可以由企业的合作伙伴发起，发起创新的信息在各个创新主体间反复流动，整个创新过程中创新主体存在紧密的联系，这种模式被称为非线性创新模式。根据创新活动主体参与创新的方式，非线性创新模式又可以分为一体化模式、三螺旋模式和网络化模式①。

1. 一体化模式

20世纪80年代以后，研究者发现原来的线性创新模式已经被一体化模式代替，创新过程不再沿着"研究—发明—设计—开发—中试—生产—销售—扩散"的顺序依次推进，而是多个活动同时推进，信息不再是单向流动，而是在各个环节不断反馈信息，使各个环节的创新成果不断更新，创新活动是动态演进的过程（如图1-3所示）。

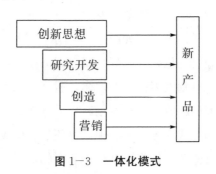

图1-3　一体化模式

2. 三螺旋模式

在区域创新过程中，企业、高校和科研院所在政府的协调作用下形成政产学研创新联合体，在这一过程中企业、高校和科研院所、政府基于市场机制相

---

① 孙超英，等. 成渝经济区区域创新体系建设研究［M］. 成都：西南财经大学出版社，2012：40-41.

互作用、螺旋上升、共同创新，从而推动区域创新能力的提升。企业、高校和科研院所、政府三大创新主体相互作用形成的三螺旋创新模式[①]，展现了在知识资本化时代不同主体在不同创新阶段的作用不一样：在创新成果的形成阶段以高校、科研院所的创新为主，政府和企业起辅助作用；在创新成果的转化阶段以企业的创新为主，政府和高校、科研院所起辅助作用；在营造创新氛围阶段以政府的创新为主，高校、科研院所和企业起辅助作用。如图 1-4 所示，在三螺旋模式中出现了三大创新主体界面的交叉重叠，表明各主体在一定时期可以发挥另外两大主体的作用，比如高校和科研院所在形成创新成果后也通过创建孵化器培育创新型企业，就具有了企业的某些特征和作用，在一定程度上代替了政府创建孵化器的职责。

图 1-4　三螺旋模式

3. 网络化模式

20 世纪 90 年代以来，随着创新难度的逐渐增加、创新风险的逐渐加大，创新过程的复杂性和长期性日益明显，任一创新主体都很难通过自身力量实现完整的创新过程，比如企业必须要与供应商、客户甚至是竞争对手开展交流与合作，才能各自取长补短，突破关键环节，在某一领域占据制高点。除此之外，企业顺利实现创新还需要与高校、科研院所加强合作以获取所需的创新资源，与金融机构加强合作以获取创新所需的资金支持，与中介机构加强合作以获取创新的各种中介服务，与政府加强合作以获取更多的政策支持。同理，其他创新主体在推进创新的过程中也具有与别的创新主体合作的内在需求。因

---

① 亨利·埃茨科威兹. 三螺旋 [M]. 周春彦，译. 北京：东方出版社，2005：35.

此，创新的过程实际上就是学习的过程，表现为"干中学""用中学""相互作用中学习"等。创新表现为企业、高校和科研院所、中介机构、金融机构和政府之间结成的一种相互交流、相互学习的互动网络，即网络化模式，如图 1—5 所示。

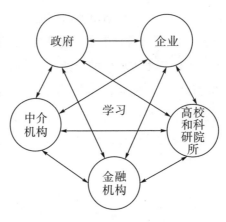

图 1—5　网络化模式

五、创新的意义

创新是民族进步的灵魂，是国家或地区兴旺发达的不竭动力。在激烈的国际竞争中，我国只有通过不断创新才能在经济、科技等领域处于世界领先地位。党的十八届五中全会首次提出了"创新、协调、绿色、开放、共享"五大新发展理念。党的十九大报告首次提出"高质量发展"概念，高质量发展就是贯彻新发展理念的根本体现。党的十九届五中全会提出，"十四五"时期我国将坚定不移贯彻落实新发展理念，加快构建"双循环"新发展格局。五大新发展理念中，创新处于核心地位，是引领发展的第一动力，唯有创新才能推动产业不断升级支撑我国经济持续稳定发展，唯有创新才能为协调发展、绿色发展、开放发展和共享发展提供坚实充裕的物质支撑和源源不断的技术支持。

（一）创新是引领发展的第一动力

创新包括科技创新、制度创新等方面。科技创新主要通过两种模式实现，一种是线性创新模式，即从研究出发，通过科研人员在实验室或工程技术中心的反复试验，发现事物发展变化的规律并加以总结提炼形成新知识、新思想、新技术，并应用于经济、社会各领域，以改善产品的结构、性能，改善产品生产工艺或改变社会生产生活环境和条件。这种科技创新模式主要适用于国家重大科技攻关项目或基础研究领域，通过组建国家实验室、国家工程研究中心等集中进行基础研究和原始创新，主要突破我国在基础研究和原始创新方面的短板和"卡脖子"领域。另一种是非线性创新模式，即创新的发起者不一定是研究人员，可能是消费者、供应商、合作者或竞争者，主要是通过市场发起的创新需求。为满足市场需求，企业可以通过自建研究中心组织研究人员进行创新，也可以通过与高校、科研院所合作，以联合创新或向高校、科研院所购买创新成果的方式获得创新成果，再通过对创新成果进行转化满足市场对创新产品的需要。这种创新方式主要适用于应用研究。这两种创新模式都是为了实现"创造性破坏过程"①，即创新带来技术与产业升级，新的技术与产业发展全面深刻地改变人们以往的生活方式，成为人类社会文明进步的动力和源泉②。

　　制度是指导和约束人们行为的规则的集合，制度创新即是指导和约束人们行为的规则的改变，目的是更好地解放和发展生产力。创新是由创新主体参与和推动的，激发创新主体的积极性是制度创新的主要目的。科技体制是引导科技活动人员或主体从事科技活动的指挥棒，科技体制改革是影响科技活动行为和绩效的直接制度创新，如何通过科技体制改革让科技人员的科研活动与经济社会需求相适应是当前在科技创新领域推进制度创新的主要内容，这就需要首先梳理我国经济社会发展对科技创新的新需求，制定科技创新中长期规划，搭建线上线下相结合的科技项目申报平台，放宽科技项目申报条件，简化科技项目申报流程，鼓励创新成果及时转化，广泛动员各类创新主体积极参与创新，形成大众创业、万众创新的社会风气。财政、金融等政策创新也是制度创新的重要内容。根据经济社会发展对创新成果的需求和转化迫切程度制定针对不同创新方向的税率、固定资产折旧率等税收政策和差别化的利率、汇率等金融政策，可以为不同门类的创新主体提供不同的资金支持，这对支持重点创新方向、引导社会创新趋势具有重要作用，可以通过政府与市场的双重作用推动创

　　① 蔡晓月. 熊彼特式创新的经济学分析——创新原域、连接与变迁［M］. 上海：复旦大学出版社，2009：32.
　　② 李猛，黄庆平. "双循环"新发展格局下的创新驱动发展战略——意义、问题与政策建议［J］. 青海社会科学，2020（6）：31-40.

新效率提升。此外，创新氛围也是影响创新积极性和创新效率的重要内容，政府通过制定奖励创新、宽容失败的政策对营造浓厚的创新氛围具有非常重要的推动作用，政府完善有利于创新的硬环境和营造积极活跃的创新软环境都需要制度创新做支撑。

（二）创新是协调发展的内在要求

我国已进入中国特色社会主义新时代，社会主要矛盾已经转化为人民日益增长的美好生活需要和不平衡不充分的发展之间的矛盾。不平衡不充分的发展就是发展质量不高的直接表现。不平衡的发展主要表现为区域之间、城乡之间和经济发展与社会发展之间的不平衡。改革开放以来我国先后实施了让一部分地区、一部分人先富起来和先富带后富逐步实现共同富裕的经济发展战略。20世纪70年代末至90年代末，我国主要实施的是让一部分地区、一部分人先富起来的发展战略，在这一战略的指引下东部地区率先发展起来，到20世纪90年代末我国东部地区与中部、西部等地区之间的发展差距越来越大。为了实现先富带后富逐步实现共同富裕的战略目标，21世纪以来我国先后实施了西部大开发、东北振兴、中部崛起等区域发展战略，特别是党的十八大以来我国陆续实施了"一带一路"建设、长江经济带建设、京津冀协同发展、长江三角洲一体化发展、粤港澳大湾区建设、成渝地区双城经济圈建设等区域发展战略，这些战略的实施本身就是我国区域发展制度创新的过程。经过这些战略的实施，我国欠发达地区的经济发展水平得到明显提升，但与发达地区的发展差距仍然较大，这就需要加快欠发达地区的发展步伐，推动欠发达地区通过产业结构升级提升产业发展的效率。产业升级的根本动力来自科技创新，持续推动科技创新是加快欠发达地区产业升级的关键，因此创新是缩小区域发展差距、促进区域协调发展的内在需要。党的十八大以来，我国成功实施精准脱贫战略，推进精准脱贫战略与乡村振兴战略的有效衔接等都是旨在缩小城乡差距的制度创新。巩固脱贫攻坚成果、有效推进乡村振兴的关键是乡村产业振兴，乡村产业振兴不仅需要产业政策、金融政策、财政政策、土地政策等与乡村产业发展相适应的制度创新，更需要因地制宜地研究推广适应不同地区的技术，有效开发乡村丰富的资源，变各地资源优势为经济优势，提高乡村居民的收入。因此，创新也是缩小城乡差距、实现城乡共同富裕的内在需要。经济发展与社会发展相适应，实质上就是需要国家治理体系和治理能力满足经济发展需要，通过国家治理体系和治理能力现代化为经济繁荣提供制度保障。国家治理体系和治理能力现代化的过程，实质就是我国推进制度改革、不断完善中国特色社会主义制度的过程，就是制度创新的过程。因此，创新也是推进经济发展与社会发展相互促进、协调发展的过程。

（三）创新是绿色发展的重要支撑

绿色发展就是在发展中坚持践行绿色、低碳、循环发展理念，通过发展绿色产业、低碳产业和循环产业等最终实现可持续发展。绿色产业是以绿色理念为引领发展的产业，是将绿色生产、绿色营销、绿色流通、绿色服务贯穿于经济发展的第一产业、第二产业和第三产业内部以及相互之间的新型产业群。其发展的根本目的是适应人类可持续发展的客观要求，出发点是保护和改善生态环境。发展绿色产业，一方面需要在社会生产和再生产过程中以更少的投入获得更多的产品或服务，显著提高资源利用效率；另一方面需要在产出社会产品过程中排放的废弃物最少，产业发展建立在生态环境良好、自然资源利用最优的基础上。绿色产业的发展必须以先进的绿色科技为支撑。绿色科技是指污染少、消耗低、产能高，并具有生态保护功能的技术，从广义上看包含绿色知识、绿色能力和物质手段构成的动态系统技术体系。低碳产业是指在可持续发展理念指导下，通过技术创新、制度创新等手段尽可能地减少化石燃料等高碳能源的消耗，进而减少温室气体排放，尤其是减少二氧化碳等气体的排放，达到经济社会发展和生态环境保护双赢的一种产业形态。低碳产业的核心内容包括两个方面：一是通过技术创新大力开发包括太阳能、风能、生物质能、地热能、潮汐能等清洁能源，通过清洁能源的开发使用减少对传统化石能源的依赖，进而在经济发展中减少碳排放；二是通过在产业发展中运用节能减排技术，提高能源利用效率。循环产业是一种以资源的高效利用和循环利用为核心，以"减量化、再利用、资源化"为原则，以低消耗、低排放、高效率为基本特征，符合可持续发展理念的产业。减量化就是要以更少的投入获得更多的产品，这就需要产品创新或工艺创新提高产品生产效率。再利用就是要对在传统生产过程中产生的废弃物进行回收利用，这就需要通过技术创新延长产业链提升产业附加值。资源化就是要通过技术创新大力回收和循环利用各种废旧资源。从绿色产业、低碳产业和循环产业的内涵和发展要求来看，技术创新和制度创新是其发展的本质需要，只有通过制度创新为技术创新提供制度环境，激发形成支撑绿色产业、低碳产业、循环产业的技术创新成果，才能为发展绿色产业、低碳产业和循环产业提供技术支撑。

（四）创新是开放发展的根本目的

创新是新知识、新思想、新技术等创新成果的形成和转化的过程，新的创意与市场结合产生新的价值是创新的本质特征。新知识、新思想、新技术等创新成果的形成是建立在知识积累基础上的，一定的知识积累是创新的前提，知识积累率越高，创新的频率也就越高。知识积累的过程离不开学习，创新主体知识积累的过程可以通过书本、网络等渠道获得显性知识的积累，也可以通过与其他创新主体之间的交流获得隐性知识的积累。显性知识只是知识的冰山一角，大量无法通过书本、网络等渠道进行传播的经验、文化、氛围等隐性知识构成知识的主体，而隐性知识的学习必须通过创新主体之间的交流才能实现。创新主体之间的交流促进信息、知识等流动、融合、升华的过程就是新知识、新思想、新技术形成的过程。创新主体之间交流的过程实质就是创新主体之间开放发展的过程。在区域创新系统中，高校、科研院所、企业等创新主体之间通过搭建区域创新网络促进知识、信息等创新资源在科研人员之间流动的过程，对于提升区域科技创新效率具有非常重要的平台支撑作用，区域创新主体之间通过开放交流知识、信息等创新资源产生新的创新成果并促进成果转化的过程就是区域创新能力提升的过程。国家之间的开放也是为了促进国家之间创新资源的流动，通过分工合作提升科技创新效率。国家之间的开放首先需要制定开放发展的政策，为创新资源的流动提供条件。改革开放以来我国通过制度创新实施的对外开放政策为推动我国与其他国家之间信息、知识流动创造了重要条件，为推动我国与其他国家之间开展技术合作创新提供了重要制度保障。制度创新的根本目的是技术创新。深入推进"一带一路"建设、加快构建新发展格局，通过扩大开放与世界各国广泛开展科技合作是提升我国科技创新能力、加快建设创新型国家的战略选择。

（五）创新是共享发展的前提条件

共享发展的基本出发点是普遍提高居民的生活水平、让所有人都能共享发展成果。党的十八大以来我国实施精准脱贫战略就是落实共享发展理念，让贫困居民也能共享我国发展红利的生动实践。截至 2020 年我国贫困人口全部脱贫、贫困县成功摘帽，这标志着我国已全面建成小康社会，接下来的任务是巩固脱贫成果、有效衔接脱贫攻坚战略与乡村振兴战略，推进我国欠发达地区可持续发展。脱贫攻坚战略主要是通过发挥我国社会主义制度的优越性，以纵向转移支付和横向帮扶的方式帮助贫困地区、贫困人口摆脱贫困，实现共享发展的目标。随着脱贫攻坚战略的顺利收官，乡村振兴战略蓝图已经绘就，能否成功实施乡村振兴战略将是能否从根本上改变农村面貌、缩小城乡收入差距、持续实现城乡共享发展的关键。乡村振兴战略主要包括产业兴旺、生态宜居、乡风文明、治理有效和生活富裕五个方面的内容，其中产业兴旺是重点，是其他四个方面目标实现的前提和物质基础。乡村产业兴旺目标的实现，需要构建现代农业产业体系、现代农业生产体系和现代农业经营体系。其中，构建现代农业产业体系就是要构建与乡村特色资源相适应、充分发挥乡村比较优势的三次产业融合发展体系，形成乡村第一产业强、第二产业优、第三产业活的产业发展新格局；构建现代农业生产体系就是要改善乡村农业生产设施和条件，实施农业精准作业，提高规模化、信息化、机械化、标准化、科技化水平，降低农业生产成本、增强特色优势农产品供给能力、提高乡村农业产品竞争力；构建现代农业经营体系就是要坚持和完善农村基本经营制度，培育多种经营主体，推动家庭经营、合作经营、集体经营、企业经营等共同发展，提高农业发展综合效益①。由此可见，构建现代农业产业体系、现代农业生产体系都需要科技创新做支撑，构建现代农业经营体系需要制度创新做支撑。因此，乡村振兴也必须以创新为依托，只有大力推进科技创新、制度创新，才能实现乡村产业兴旺进而推进乡村全面振兴，才能使乡村居民与城市居民共享发展成果，才能推进我国欠发达地区与发达地区到 2050 年共同实现现代化。

---

① 中共中央 国务院关于实施乡村振兴战略的意见［EB/OL］.（2018-02-05）［2021-06-20］. http://www.moa.gov.cn/ztzl/yhwj2018/zxgz/201802/t20180205_6136444.htm.

第二节　科技创新中心的形成机制与演进规律

一、科技创新中心的内涵

在科技创新中心这一概念出现之前，一些学者提出了与之相类似的概念。贝尔纳（John Bernard）在《历史上的科学》一书中首次提出"世界科学活动中心"的概念，认为科学进步在时间和空间上存在非均衡性[①]。多瑞（Ronald Dore）首次提出"国家创新体系"这一概念，认为由公共部门和私营部门中各种机构组成的网络就是国家创新体系，这些机构的活动和相互影响促进了新技术的开发、引进和改进[②]，后来经济合作与发展组织认可并采纳了这一概念。2000 年美国科技类杂志《连线》首次提出"科技创新中心"的概念，认为科技创新中心是高等院校和研究机构、企业、风险投资机构等集聚的地区，高等院校和研究机构能够培训熟练工人、产出专业知识、创造新技术、促进老牌公司或跨国公司发展和扩大其影响力，该区域内的公众创办新公司的积极性很高，风险投资机构为该区域的企业提供充足的资金支持以确保好的创意能成功进入市场。2001 年联合国又提出"技术成长中心"概念，认为技术成长中心就是众多的科研机构、创新型企业和风险投资机构集聚在一起的地区[③]。我国一些学者也对科技创新中心的概念进行了研究。王铮等提出"研发枢纽"的概念，认为研发枢纽不仅是研发组织活动的聚集区域，而且是由研发活动所构成的知识网络中一个知识流汇聚与扩散的核心节点[④]。杜德斌认为，科技创新中心是一个以科学研究和技术创新为主要功能并集中了先进制造、文化、教育、金融等多种功能的城市，全球性流动的创新要素在一些基础较好的地区集聚而成为全球科技创新中心，全球科技创新中心的形成实质是城市科技功能国

---

①　贝尔纳. 历史上的科学 [M]. 伍况甫，等译. 北京：科学出版社，2015：708.

②　R. DORE. Technology Policy and Economic Performance：Lesson from Japan [J]. Research Policy，1988（5）：309—310.

③　段云龙，王墨林，刘永松. 科技创新中心演进趋势、建设路径及绩效评价研究综述 [J]. 科技管理研究，2018（13）：6—16.

④　王铮，杨念，何琼，等. IT 产业研发枢纽形成条件研究及其应用 [J]. 地理研究，2007（4）：651—661.

际化并具有全球影响力的过程①。综合这些学者对科技创新中心概念的界定，我们认为，科技创新中心是高等院校、科研院所、企业、金融机构、中介机构等创新主体集聚形成的科技创新活动集中、科技创新实力雄厚、科技成果辐射范围广，从而在价值创造网络中发挥显著增值作用并占据领导和支配地位的城市或地区，对创新资源流动具有显著的引导、组织和控制能力。当科技创新中心的影响波及全国，成为引领全国科技创新和产业变革的源头，并对全国创新资源流动具有显著的引导、组织和控制能力，此时的科技创新中心就是具有全国影响力的科技创新中心。

二、科技创新中心的功能

（一）科学研究

科学研究是高等院校或科研院所等科研主体通过创设一定的研究条件，通过调查、试验、试制等活动探寻事物发展的规律，并对其加以提炼形成新知识、新思想、新理论的过程，为产品创新、工艺创新、原材料创新、市场创新、组织创新等提供理论依据。科技创新中心集聚了大量的高校、科研院所等研究机构。高校的基本功能是形成新知识、新思想、新理论和培养创新型人才，通过创建实验室或研究中心为教师从事实验活动创造条件，教师在实验室或研究中心进行反复的实验活动，一方面可以发现事物发展变化的规律，形成研究成果，另一方面引导学生进行实验操作，提升学生的研究能力。科研院所是专门从事科学研究的机构，主要是通过创设实验室模拟事物发生发展的场景并从中发现规律，形成专利、论文或学术专著等创新成果。

具有全国影响力的科技创新中心集中了全国较有影响力的高校和科研院所，科研实力较强，科研设施设备较为先进。高校和科研院所集聚的创新型人才较为丰富，在某些领域拥有全国顶尖的领军人才和创新团队，具有浓厚的科研氛围和全国领先的研究水平，以此吸引其他地区的高端人才向此集聚，形成良性循环。因此，具有全国影响力的科技创新中心在某些领域具有全国领先的研究水平，处于全国相关学科和技术领域的最高端，引领相关学科发展，并不

---

① 杜德斌. 全球科技创新中心：动力与模式［M］. 上海：上海人民出版社，2015：1-8.

断衍生新的学科领域。

（二）技术创新

技术创新的过程就是创新主体将新知识、新理论等应用于经济实际形成新技术的过程，并通过产品创新、工艺创新、原材料创新等体现技术创新的价值，是新的创意与市场相结合的过程。与高校和科研院所相比，企业具有直接与市场相连的优势，同时具有较为丰富的资金实力，可以为新知识、新理论应用于实际提供良好的场景和资金支持，因此企业在技术创新中起着重要作用。企业通过自建技术研究中心将自身形成的新知识、新理论应用于实际，也通过产学研合作将高校或科研院所的新知识、新理论应用于实践，加速新技术的形成和应用。一些科研实力雄厚、科技成果丰富的高校为了推进其新知识、新理论形成新技术，也会鼓励其科研人员创办科技型企业，对其给予政策或资金支持，这些科技型企业对推进新知识转化为新技术也具有重要作用。随着我国大力推进科研院所体制改革，一些与市场结合紧密的科研院所的企业化改革加速推进，也为科研院所将新知识、新理论转化为新技术提供了重要制度保障。科技创新中心通过吸引高校、科研院所和科技型企业集聚，为技术、人才、信息、资金等创新资源的汇聚创造了条件，有利于推动创新资源的交叉融合，为新知识、新理论向新技术的转化提供土壤，成为区域新技术形成和发展的增长极。科技创新中心通过发挥增长极的极化效应吸引更多其他地区的创新资源向该区域流动，进一步增强其技术创新实力；通过发挥增长极的扩散效应，引导创新要素向该区域周围地区扩散，带动周围腹地技术升级和产业转型，提高区域整体竞争力。

具有全国影响力的科技创新中心集聚了大量科技企业和企业研发中心，初创企业和中小科技企业非常活跃，具有良好的创新氛围和创新文化，吸引了全国各地的创新人才，包括具有创新精神的创业人才、专业技术人才、管理人才和风险投资者等，拥有较高的研发经费投入规模和研发人员规模，具有较高的专利、高新技术产业产值等创新产出。作为各种技术创新要素集聚高地和创新成果汇聚地，科技创新中心成为全国新技术、新产品、新产业的创新发展增长极，是众多新技术、新产品的发源地和产业革命策源地。

（三）产业驱动

产业驱动是指随着新知识、新思想、新理论的发现，新技术形成并被应用于产业活动中促进产业结构升级、产业组织变革进而提升产业发展效率的过程。产业驱动是科学研究和技术创新的主要目的，科学研究和技术创新的成果只有转化为驱动产业升级的生产力才具有现实价值。科技创新中心通过科学研究和技术创新驱动产业升级主要表现为以下三个方面：

一是科学研究和技术创新促进新兴产业不断出现，推动产业结构升级。科学研究和技术创新形成的新技术可以改变生产要素组合模式，促进分工与专业化程度不断提升。分工和专业化使得劳动者将其生产活动集中于某专一部门，积累操作经验，促使劳动工具分化、专业化和简化，进一步促进技术进步，不断形成新产品、新产业和新业态。在这个过程中，新技术的不断运用促使原有的产业部门逐步分解，形成新的产业部门，而且随着新产品、新材料、新工艺、新能源等的出现还会生发出新的生产活动领域，形成新的产业门类，引领产业结构升级。而科技创新中心良好的科技氛围、教育环境和创新文化更容易催生出大量的新创企业，推动科技产业发展，成为新产业发源地。二是通过科学研究和技术创新形成新技术改造传统产业，推动产业结构升级。传统产业是指生产技术比较老化、生产组织比较落后、产品附加价值不高的产业，包括传统农业、传统工业和传统服务业。在我国产业体系中，传统产业占主导地位，新兴产业虽然在成长但缺乏核心技术、人才，发展阻力较大，因此通过技术创新改造提升传统产业成为当下推进产业结构升级的重要内容。三是通过创新提升产业组织效率。新知识、新理论有利于推动产业组织理论创新，为企业制度创新提供理论基础。在制度创新基础上推动企业并购重组，建立现代企业制度，可以明确企业内部人员职责与权力，激发员工活力，提高企业生产效率。随着信息技术不断革新，移动互联网、云计算、5G技术等被广泛应用于企业管理，可以极大提升企业管理效率，激发企业创新活力，推动企业进一步技术创新和管理创新，提高企业生产效率。

（四）文化引领

文化是人们在社会实践中逐步形成的知识体系、价值观念、生活方式等所构成的复合体，是历史演进的结果。科技创新中心是区域先进生产力的代表，对区域文化的形成和发展具有引领、示范和塑造作用。首先，科技创新中心有利于新知识、新思想、新理论等的形成，对区域知识体系建构具有促进作用。科技创新中心的科研人员通过反复试验可以发现事物发展的客观规律，在此基础上凝练成新的知识或思想，通过不断地科学研究和技术创新，增加知识存量，完善知识体系。其次，科技创新中心崇尚不断探索、追求真理的文化氛围，引领区域创新文化的形成。科技创新中心鼓励创新、宽容失败的文化氛围可以激励创新主体不断探索，促使创新活动不断深入开展。再次，科技创新中心形成创新成果的根本目的是满足人们对美好生活的需要，这本身就蕴含着人文关怀的精神瑰宝，构成文化的最高价值追求。科技工作者进行科研活动的根本动力来自解决社会民众对科技创新成果的需要，科技工作者在实证求真的过程中表现出来的思想情操和高尚人格，是区域文化价值的重要取向。最后，科技创新中心不断推进的科技创新是重塑人类新的生产方式和生活方式的重要力量，对时代主流价值观具有重要影响，对区域文化发展方向具有引领作用。纵观人类发展史可以发现，任何一次重大发明和科技进步都对人类的生产生活产生重要影响，在此基础上重塑那个时代的创新精神、消费观念和商业理念，从而引领和推动区域价值观和思想体系的演进。

三、科技创新中心的特征

（一）功能支配性

科技创新中心是一个地区创新要素集聚最多、质量最高的区域，不仅能高效生产知识和技术，还能推动知识、技术和产品向外流动，对区域科技创新活动起支配地位。科技创新中心除了输出创新成果，还会向其他区域和更高层次区域提供技术和产品输出及研发服务，是更高层次区域创新网络中技术、信息、人才、资本等创新要素联系和流动的重要枢纽。具有全国影响力的科技创新中心是全国创新网络重要节点，对全国创新资源的流动具有较强的组织、引导、控制能力，能影响全国创新资源的流动方向。具有全国影响力的科技创新中心进一步发展，其影响力可以跨越国界形成全球科技创新中心。全球科技创新中心由于集聚大量的跨国公司和区域性公司的研发总部，对全球价值链中的设计环节与高端研发具有掌控能力,能够主导全球新技术和新产业的发展方向,并且通过组织全球性的研发活动,可以全方位整合利用全球创新资源,控制全球的技术、资金、人才和信息等创新要素的流动方向,主导全球创新资源的空间配置格局。因此,科技创新中心不仅是创新要素的汇聚地,也是创新要素流动的控制阀,对区域创新活动起着支配作用。

(二) 结构层次性

科技创新中心是由高校和科研院所、企业、中介机构、金融机构等创新主体集聚在一个区域内形成的创新频率高、创新产出大的区域,根据其影响范围可以分为区域性科技创新中心、全国科技创新中心和全球科技创新中心等多个层次类型。区域性科技创新中心主要是通过吸引某个区域范围内的高校和科研院所、企业等创新主体集聚,形成某个区域的科技园区,通过产学研一体化为区域提供科技服务。全国科技创新中心是通过吸引全国范围内的高校和科研院所、企业等创新主体集聚形成的具有全国影响力的科技创新中心,面向全国提供科技创新服务,其创新能力高于区域性科技创新中心,往往代表全国科技创新的方向。全球科技创新中心是在全球范围内集聚创新资源形成的面向全球提供科技创新服务的科技创新中心,可以整合全球的创新资源,具有全球最强的科技创新能力,代表全球科技创新方向。不同等级的科技创新中心具有不同的支配地位,处于较高级别的科技创新中心具有较高的创新能级,对外科技创新的辐射范围较广,创新成果的输出规模大于流入规模;处于较低等级的科技创新中心具有较低等级的创新能级,对外科技创新辐射范围较小。同时,在功能上不同等级的科技创新中心之间也存在分工,较高等级的科技创新中心往往掌握着某领域的核心技术和标准,控制着某产业链的核心环节,而较低等级的科技创新中心则往往处于非核心地位,主要承担该领域的应用研究和标准应用等功能。

(三) 空间集聚性

科技创新中心的基本功能是知识创新、技术创新和产业创新等。创新是形成新的创意并将其市场化的过程,新的创意的产生依赖于一定的知识积累,知识积累的主要形式是学习,学习包括显性知识的学习和隐性知识的学习两个方面。显性知识是已经出版的可以通过一定的媒体传播的知识，这类知识可以通过读书、看报、上网等方式获得；隐性知识是无法通过媒体传播而必须亲自体验才能获得的知识。在新的创意形成过程中，创新主体之间隐性知识的交流和传播非常重要，高校或科研院所的科研人员只有亲自到企业去参观后才能真正体会企业需要改进工艺的环节，才能知晓下一步研究的关键突破口。在新的创意市场化过程中，创新主体之间隐性知识的交流也起到非常重要的作用，风险投资机构只有充分了解新的创意的市场价值，才会将风险资金投资于该项目，而要让风险投资机构充分了解新的创意，新的创意的主体必须与风险投资机构进行充分的接触。科技创新中心的创新性决定了科技创新中心的高校、科研院所、企业、风险投资机构等创新主体需要相互邻近，创新主体在空间上的集聚性可以为其相互之间隐性知识的学习创造条件，进而有利于推动知识、信息、技术等在创新主体之间流动，提高创新效率。因此，科技创新中心表现为高校、科研院所、企业、中介机构、金融机构等创新主体在城市或区域的特定地区集聚，形成比较集中的创新集群。因知识和技术具有地理邻近性溢出的规律，创新企业往往集聚在某一地区形成产业集群，特别是具有上下游联系的产业链上的企业集聚在一个地区形成创新产业集群。在各种创新主体中，高校特别是研究型高校是创新知识的发源地，也是创新人才的集聚地，因此许多创新集群是依托高校而逐渐发展形成的科技创新中心，比如美国硅谷、中国台湾新竹等。

（四）产业高端性

产业高端性是指通过技术革新推动产业升级，形成新兴产业，或者通过技术改造促进传统产业产品更新，使产业处于价值链高端，从事该产业的主体通过生产高附加值的产品获得更多利润。美国经济学家弗农认为，任何工业产品都具有一定的生命周期，要经历三个发展阶段：创新阶段、扩张阶段、成熟与成熟后期阶段，不同发展阶段的产品增加值是不一样的，处于创新阶段的产品增加值是缓慢上升的，处于扩张阶段的产品增加值迅速上升，处于成熟与成熟后期阶段的产品增加值呈下降趋势（如图1-6所示）。根据弗农的产品生命周期理论，产业高端性就是产业处在产品生命周期的创新阶段或扩张阶段，即产品增加值不断上升的阶段。生产不同生命周期阶段产品的企业所需的技术和布局区位是不一样的。生产创新阶段产品的企业需要技术与生产方式快速变化，以科学家和工程人员等人力资本为主，这时的企业选择布局在科学家和工程人员密集的大城市中心地带。生产扩张阶段产品的企业逐渐引入大生产方式，生产方式经常变化，也需要科技创新做支撑。该阶段的企业还需要购买土地建厂房、招聘更多员工扩大生产规模，因此需要风险投资机构提供资金支持，为了节约生产成本但同时为了获得技术支持和风险资本，该阶段的企业会选择在大城市郊区布局。生产成熟与成熟后期阶段产品的企业由于长期使用稳定的技术，产品市场逐渐饱和，很少有新企业进入，为了节约成本，企业会选择到更加落后的地区布局。从生产不同阶段产品的企业特点可知，生产创新阶段和扩张阶段产品的企业一般布局在高梯度发达地区，高梯度发达地区集聚了大量的高校和科研院所，是创新企业和风险投资机构密集的地区，这样的地区往往就是一个区域的科技创新中心。因此，科技创新中心具有产业高端性特征。

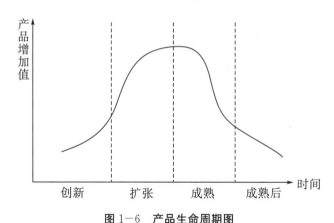

图 1-6　产品生命周期图

（五）文化包容性

创新是人的创造性实践行为，创新的本质是突破，即突破旧的思维定式，形成新的思想、知识、理论等，因此创新本质上需要对新的、与众不同的思想、理论等的包容。科技创新中心的本质属性是创新，包括知识、技术、产品等的创新，因此科技创新中心的形成和发展本质上就是要形成新知识、新技术、新产品等，这一本质属性决定了其必须具有对创新成果的包容性。创新是形成新的创意并推动新的创意市场化的过程。新的创意的形成需要知识的不断积累，而知识积累的过程既包括当代人从前代人那里学习知识，也包括当代人之间通过交流学习知识的过程，这就需要一个地区具有包容文化，允许来自不同国家、不同地区的人参与本区域的发展，通过当地人与外地人之间思想、知识等的交融形成新思想、新知识。科技创新中心要保持创新的活力，也必须具有包容性，接纳来自不同地区的创新主体加入区域创新中，通过不同创新主体之间的交流，推动新思想、新知识、新理论不断涌现。创新具有高投入、高风险的特征，如果没有政府营造积极创新的文化氛围，往往追求利润最大化的企业就没有创新的动力。政府营造积极创新的文化氛围，可以通过在媒体上宣传宽容失败、奖励创新的案例，也可以通过制定鼓励创新的税收政策、金融政策等引导创新行为。无论通过哪种方式营造积极创新的文化氛围，科技创新中心的政府在创新文化建设中的作用都是不可或缺的，宽容失败、奖励创新的文化氛围是科技创新中心的重要特征。

四、科技创新中心的形成机制

（一）市场自发和政府规划相结合是形成科技创新中心的基本路径

科技创新中心的基本属性是创新，科技创新中心的创新主体从事创新活动的根本动力是获取超额利润，超额利润来源于市场上产品的总收入和总成本，因此市场机制的优劣是影响创新行为的重要因素。完善的市场机制可以通过价格体系指引创新主体的创新方向，有效配置创新资源，引导创新主体根据市场需要从事创新活动，最大程度激发创新主体投入科学研究、技术创新和成果转化的积极性，在世界范围内形成先于其他创新中心的创新成果，并通过成果转化形成新产品，始终生产产品生命周期创新阶段和扩张阶段的产品，获得产品增加值不断上升的超额利润，这就是市场自发形成科技创新中心的模式。

创新是对未知世界的不断探索，需要高度专业化的投入，具有经济和技术上的不确定性，因此对那些外部缺乏市场压力的企业而言一般缺乏主动创新的动力，这就需要政府制定国家或区域中长期科技创新规划，引导企业、科研机构等创新主体积极创新，从国际国内宏观背景和经济发展实际出发，选择有条件的区域建设科技创新中心，形成科技创新高地。政府规划的科技创新中心建设模式可以引导国家创新资源向某个区域集聚，加速科技创新中心建设，缩小与其他发达国家的科技创新差距。

市场自发形成科技创新中心的模式尽管可以充分激发创新主体的内生动力，形成区域科技创新活力，但这种模式具有盲目性、滞后性等不足，需要完善的市场经济体制做支撑；政府规划形成科技创新中心的模式尽管可以集中国家力量加速推进创新资源集聚和创新中心形成，但这种模式过于强调政府的作用而忽视了市场对激发创新主体内生动力的作用，导致创新中心建设缺乏效率。因此，市场自发和政府规划相结合是加速推进科技创新中心形成的基本路径。美国的硅谷地区、波士顿"128公路"等创新中心尽管在建立之初主要是通过市场自发模式形成创新氛围、获得创新利润，进而形成创新的良性循环，但如果没有政府积极营造宽容失败、鼓励冒险的创新文化和积极引导风险投资机构在这些区域大量投资，这些创新中心的形成就不可能顺利实现；日本筑波科学城、中国台湾新竹科学城等科技创新中心尽管在创立之初主要是通过政府规划引导创新资源加速集聚形成创新氛围和创新基础，但如果没有后期在市场机制逐步完善的基础上吸引大量创新企业向该区域集聚而增加的创新资源，这些创新中心也就不可能成长为全球科技创新中心。因此，自发模式和政府规划两者的结合是科技创新中心建设的基本路径，只有通过发挥市场机制的作用才能引导创新要素向最能获利的区域流动，推动创新资源空间集聚形成更多创新成果并加速推进成果转化；只有通过政府规划克服市场失灵的缺陷，通过政府制定一定的科技规划、财政和金融等优惠政策，才能引导创新要素加速集聚，形成在全国或全球具有影响力的科技创新中心。

（二）领先的制度创新是形成科技创新中心的重要动力

制度创新为科技创新提供制度保障，通过制度创新可以改变创新主体的行为，引导创新主体将资源投入创新活动，激发创新主体的主观能动性，提高创新效率。高校和科研院所是形成新知识、新思想、新理论和培养创新型人才的重要阵地，也是培育创新企业的重要孵化器，制定支持高校和科研院所发展的政策是加快高校和科研院所发展、积极培育科技创新中心的重要制度保障。高校是科技创新中心的知识发源地和人才集聚地，为科技创新中心提供源源不断的智力支持和人才支撑，如果一个地区没有高校做支撑，这个地区很难形成科技创新中心。比如，如果没有斯坦福大学，美国硅谷就不可能成为全球科技创新中心。为了支持斯坦福大学等高校的发展，1862 年美国国会通过了《莫里尔法》，决定由政府把部分公地永远赠予每个州的有关院校。在政府赠予公地的制度支持下，1951 年斯坦福大学把 582 英亩校园划出来成立斯坦福工业区，兴建研究所、实验室、办公写字楼等，由此诞生世界上第一个高校工业区，成为美国和全世界高技术产业区的楷模。斯坦福大学工业区诞生的第一家企业是惠普，惠普是由斯坦福大学的两个学生比尔·休利特（Bill Hewlett）、戴维·帕卡德（Dave Packard）在斯坦福大学的一间汽车库房以 538 美元作为本金建立公司开始生产电子仪器而逐渐成长起来的，如果没有斯坦福大学对学生科研成果转化的制度支持，惠普公司可能就不会出现。由此可见，硅谷的形成是在国家制定支持高校发展的优惠政策并鼓励高校制度创新支持科技成果转化并配合其他财政政策、金融政策等的基础上形成的，制度创新是硅谷成为全球科技创新中心的重要动力。此外，英国伦敦先后出现的工厂系统、科学社团和专利制度等都是伦敦科技创新中心形成的重要保障，法国的技术学院的快速发展以及工程师制度的建立是法国巴黎地区成为全球科技创新中心的重要条件，德国创办的专科学院、大学和教学、科研相统一的高等教育体系是德国慕尼黑地区成为全球科技创新中心的重要支撑，日本的精益生产体系、质量管理革命等制度创新也助力东京都地区成长为全球科技创新中心。

（三）各种人才集聚是形成科技创新中心的关键要素

人才是在一定社会条件下具有一定专门知识和较高的技能、能够以自己的创造性劳动对社会发展和技术进步做出贡献的人。作为个体的人而言，人才具有创造性和自主性；作为群体的人而言，人才具有稀缺性、流动性和集聚性。人才是人类群体中较为杰出的部分，能够冲破传统理论、观念、范式等以独立的思考和科学的判断大胆进行科学设想，综合运用各种手段和工具解决实践中遇到的问题，在这个过程中发现事物发展变化的规律，形成新知识、新思想、新理论、新技术等，推动区域科技创新能力提升。因此，人才是创新的第一资源，科技创新中心应是人才聚集的高地[①]。

---

① 洪银兴. 论区域创新体系建设 [J]. 西北工业大学学报（社会科学版），2020（3）：49—59.

　　科技创新活动一般会涉及基础研究、应用研究、技术开发、产品设计、试制改进、营销策划等多个环节[1]。因此，科技创新中心需要的人才不仅包括科学研究和技术创新人才，还包括企业家、管理人才、高技能人才、营销人才等，不同类型的人才在科技创新过程中发挥不同的作用。从事科学研究和技术创新的科学家和工程师等科研人才是科技创新链条中的上游人才，他们能否提供先进、成熟的科研成果直接决定区域科技创新活动的进步与否。科研人才可以通过复杂的智力劳动突破现有理论和技术，做出新的科学发现，形成新的技术发明，提出新的理论和方法，产出新的科研成果。企业家是企业创新活动的组织者和决策者，其独特的地位决定了企业的组织创新、管理创新等必须由企业家承担。企业家是否具有采用新技术、不断提高产品竞争力的动力和信心，能否承担技术创新过程中的技术风险和市场风险，决定一个地区科技创新成果产业化和市场化的进程。管理人才是科技创新活动的协调者和组织者，其对科技创新的态度和科学素养直接影响科研人才潜力的挖掘和其他科技创新资源作用的发挥。高技能人才是在生产和服务企业一线从事技术含量大、复杂程度高的高级技术工人和技师，他们在将科技创新成果转化为现实生产力中起重要作用。营销人才是将产品有效推广到市场实现其价值的重要群体，只有让产品实现其市场价值才可能为科研活动提供持续的投入，因此营销人才对产品的科学营销并将其推向市场是完成科技创新的重要一环。此外，中介机构的中介人才为创新活动提供管理、技术、信息、法律等多方面服务和金融机构的金融人才为创新活动提供资金支持等，也是科技创新活动持续推进的重要保障。

　　从本质上来讲，科技创新活动是一种高度智能性的活动，是知识密集型活动，其发生的条件是知识的积累、技术的进步以及新技术的转化运用，因此科技创新活动本质上需要人才的集聚。人才在空间上集聚会产生知识累积效应。知识的传递效果会随着时空的阻隔而产生距离衰减规律，特别是那些难以通过文字表达进行传递的隐性知识更是需要人与人之间正式或非正式的面对面交流。人才高度集聚，才能有效促进知识的传递、积累，而知识的积累是创新的前提。随着创新的复杂化程度日益提高，创新的不稳定性日益增强，加之市场需求的多样性不断提升，创新过程由线性创新模式向非线性、网络化模式转

---

① 代明，梁意敏，戴毅. 创新链解构研究［J］. 科技进步与对策，2009（3）：157—160.

变，单个人才有限的知识存量和相对单一的研究方向已难以满足创新的需要，人才集聚所产生的交互作用则可以突破这一困境，降低创新风险，提高创新效率。因此，优秀人才集聚是科技创新中心形成的关键要素，只有各种人才高度集聚，才能为科技创新中心提供源源不断的智力支持，才能实现科技创新中心的持续发展。

（四）良好生态系统是形成科技创新中心的基础条件

良好生态系统是区域内各种创新主体发挥各自的创新优势、形成科技创新合力、提升区域创新能力的重要条件[①]。促进科技创新中心形成的生态系统包括创新主体系统和创新环境系统两个方面。创新主体系统要求科技创新中心具有高校和科研院所、企业、中介机构、金融机构和政府五大创新主体，缺少哪一类创新系统都难以实现区域持续创新。比如，如果缺乏高校的参与，该区域就缺乏持续的知识创新和人才支持，缺乏科技创新的源头，难以持续创新；如果缺乏科研院所的参与，该区域就难以形成新技术，科技创新缺乏持久动力；如果缺乏企业的参与，该区域的科技创新成果难以转化为现实生产力，高校和科研院所通过创新形成的创新成果难以实现现实价值，高校和科研院所也难以获得持续创新的市场动力和物质支撑；如果缺乏中介机构的参与，高校和科研院所形成的创新成果难以与企业的创新成果需求有效对接，会大大影响创新成果的转化效率；如果缺乏金融机构的参与，该区域则难以获得创新所需的资金支持，科技创新形成的新技术难以转化为生产力；如果缺乏政府的参与，该区域创新所依赖的交通、通信等基础设施和市场体系、法治体系等软环境难以满足创新主体的需要，也会导致创新缺乏效率。由此可见，高校和科研院所、企业、中介机构、金融机构和政府五大主体紧密互动，形成开放的创新生态群落，是科技创新中心形成的基础条件。

创新环境系统是创新主体开展创新活动的重要条件或载体，创新环境包括硬环境和软环境两个方面，硬环境就是有利于创新主体之间沟通、交流、合作的交通、通信等基础设施和为创新主体开展创新活动搭建的各种创新基础设施

---

① 廖明中，胡彧彬. 国际科技创新中心的演进特征及启示［J］. 城市观察，2019（3）：117－126.

等，软环境包括创新文化、市场体系、法治体系等鼓励和支持创新的文化氛围和制度体系。完善的交通基础设施有利于人才、原材料、产品等有形要素顺畅流动，完善的通信基础设施有利于知识、信息等无形创新要素顺畅流动，研究实验基地、大型科学工程、大型科学仪器设备、科技成果转化平台等科技基础设施是科研人员开展科研活动的重要基础，这些硬环境是科技创新中心形成和发展的物质保障。一个区域的文化体现了该区域的活力与创造力，是诱发区域产生新思想、新知识的内在无形力量。区域文化可以表达为对新思想、新技术等创新成果的基本立场和观点。有利于科技创新中心形成的区域文化应该具有包容性和开放性。包容的创新文化具有宽容失败、鼓励冒险、推崇创新的价值观。创新具有较大的风险性，只有通过不断"试错"，不断总结经验教训，才能迎来创新的成功，因此包容性文化是激励创新主体不怕失败最终走向成功的重要力量。开放的创新文化降低了人才的进入壁垒，有利于各种人才集聚并开展思想交流和知识碰撞，促进隐性知识的溢出，形成新知识、新思想和新理论。完善的市场体系有利于区域之间或区域内各种创新要素的流动，促进创新主体之间通过学习提高创新效率。完善的法治体系可以为创新主体提供稳定的创新预期，为创新主体持续投资创新活动提供法治保障。

五、科技创新中心的演进规律

（一）科技创新中心的形成与科技革命的发生紧密相关

科技革命是在科学技术领域发生的全面的根本性的变革。纵观历史，我们可以发现近代以来共发生了影响世界发展进程和格局的三次科技革命：第一次发生在18世纪中后期，以蒸汽机的发明利用为标志；第二次发生在19世纪中后期至20世纪上半叶，以电气技术的发明和利用为标志；第三次发生在20世纪四五十年代至20世纪末，以信息、生物、空间等技术的发明和利用为标志；现在正在发生的是第四次科技革命，主要以人工智能技术的发明与应用为标志。从世界范围来看，影响全球科技创新中心的形成和转移与科技革命的发生有紧密关系。18世纪中后期英国伦敦地区抓住了第一次科技革命产生的蒸汽机技术所带来的产业发展机遇，将蒸汽机技术应用于纺织、钢铁、船舶等产业，推动人类进入了蒸汽动力时代，并由此成为全球科技创新中心。19世纪中后期至 20 世纪上半叶,德国柏林地区和美国波士顿地区相继利用第二次科技革命产生的电气技术并推动其与产业结合,加速电力的广泛应用,促进了内燃机、新交通工具、新通信工具的创制,推动人类进入了电气时代,并从此成为全球科技创新中心;20 世纪四五十年代至 20 世纪末,美国加州湾区、我国台湾新竹等地区抓住第三次科技革命形成的信息、生物、空间等领域的先进技术,推动信息技术在生物、空间科学等领域广泛应用,以信息技术为支撑的万物互联时代逐渐到来,美国加州湾区、我国台湾新竹等地一跃成为全球科技创新中心。当前以人工智能技术为引领的第四次科技革命正在推进人类进入智能时代,我国的上海、北京、深圳等地正在大力实施相关技术研发与成果应用,若能抓住这次工业革命的机会在科技创新领域占据世界领先地位并吸引和鼓励相关创新企业和服务机构集聚和发展,这些地区在不久的将来就会建成全球科技创新中心。全球科技创新中心的形成规律也适用于全国科技创新中心,因此,国内科技创新中心的形成也应顺应科技革命的演进规律,一些经济实力、科技实力较强的地区若能抓住当前科技革命的机遇,在一些世界或全国前沿的科技创新领域加大投入力度,突破一些关键瓶颈技术制约,形成科技创新的战略性核心成果并加快这些成果的转化利用,形成产业集群发展之势,就可能逐渐成长为全球或全国的科技创新中心。

(二)科技创新中心的空间更替是经济中心转移的体现

创新需要经历科学研究、技术创新、设计、中试、生产、营销等一系列过程,而这其中的每一个过程都需要专门的投入,需要购置专门的设备、招聘专门的人才、搭建专门的平台等,这些都需要充足的资金支持才能实现。因此,科技创新需要较为雄厚的经济基础做支撑,科技创新中心的形成一般以经济中心为基础。经济中心是根据经济活动内在联系在一定经济区域内逐渐形成的商品生产和交换的集散地。根据佩鲁的增长极理论,经济中心就是一定地域范围内的增长极,在经济中心形成的初级阶段通过发挥其极化效应吸引周围腹地的生产要素向经济中心集聚而逐步做大做强,在经济中心发展的高级阶段通过发挥其扩散效应而引领和带动周围腹地共同发展。因此,经济中心本身是生产要素的集聚地,不仅通过各种类型企业集聚劳动力、资本等生产要素生产市场所需要的产品而推动经济中心经济实力逐步攀升,也会吸引人才、技术等创新要素集聚，为经济中心提供人才、科技等要素支撑，因此经济中心本身也具有向科技创新中心演变的科技条件。当经济中心具有了经济和科技优势之后，若能将大学与企业、经济与科技相结合并持续推动创新型企业成长，在此基础上营造良好的创新生态环境、持续提升创新能力，形成具有影响力的科技实力，这样的经济中心即演变成科技创新中心。从英国伦敦地区、德国柏林地区到美国波士顿地区、美国加州地区和日本东京都市圈、我国台湾新竹地区等科技创新中心的形成历程可以看出，这些全球科技创新中心都曾是全球的经济中心，全球科技创新中心的空间更替和演变与全球经济中心的空间更替与演变基本一致。由此可见，科技创新中心的形成与发展必须以经济发展为基础，只有具备一定的经济实力才能为科技创新中心提供强大的经济实力支撑，具有全国影响力的科技创新中心建设也必须以具有全国影响力的经济中心建设为基础。

（三）科技创新中心的发展是一个长期演进和转型升级的过程

根据美国、欧洲和亚洲地区比较有代表性的科技创新中心发展历程可以发现，科技创新中心的形成和发展一般要经历萌芽起步期、快速成长期和成熟稳定期三个阶段，不同的发展阶段其驱动因素、创新模式和政府政策是不一样的，重点发展的产业门类也不相同。处于萌芽起步期的科技创新中心以自然资源、劳动力等生产要素驱动为主，高校、科研院所等科研机构以基础研究为主，企业以满足区域内或国内市场的大规模标准化流程创新为主，以制造业为主的工业园区或科技园是此阶段科技创新中心的主要形态，以英国威尔士、芬兰赫尔辛基等为代表的欧洲早期工业园和第二次世界大战后的日本东京都周边地区等即是处于此阶段的科技创新中心。处于快速成长期的科技创新中心以投资驱动为主，企业的研发投资快速增长，包括技术学习与合作创新的小规模集成创新活动频繁，企业主导的区域性创新集群逐步形成，政府重点支持共性技术研发，强化专利保护、市场竞争等规则的形成和完善，支持孵化器、技术服务机构等的形成和发展，以技术密集型的高端制造业发展为主要产业门类，同时金融、贸易等支撑性服务业逐步兴起，20 世纪七八十年代的东京都地区、近年来逐步兴起的我国台湾新竹地区、印度班加罗尔地区等即是处于这个阶段的科技创新中心。处于成熟稳定期的科技创新中心以创新驱动为主，高素质人才支撑的高水平大学和科研院所高度集聚，企业的全球创新能力较强，以先导性、突破性技术创新为主，基础研究和成果转化联系紧密，开放性创新网络逐步形成，政府的作用是持续改善教育、居住、信息等基础设施和制度环境，以知识密集型的金融、科技创新、创意等现代服务业和高端制造业为主，20世纪70年代以来的美国硅谷、如今的英国伦敦地区、德国柏林地区以及瑞典、芬兰等国家即处于这一发展阶段。由此可见，科技创新中心的形成和发展是一个长期演进和转型升级的过程，既包括产业转型升级的过程，也包括科技创新能力逐步提升的过程。产业发展为科技创新提供物质基础，技术创新为产业升级提供科技支撑，两者相辅相成、互相促进，产业转型和科技进步的过程就是科技创新中心逐渐形成和发展的过程。

第二章

成渝地区共建具有全国影响力科技
创新中心的基础与挑战

随着成渝地区在全国区域发展中的战略地位不断上升，自国家提出成渝地区打造全国有影响力的科技创新中心以来，成渝两地签署了《进一步深化川渝科技创新合作　增强协同创新能力　共建具有全国影响力的科技创新中心框架协议》，加快了成渝地区共建科技创新中心的步伐。在此背景下，有必要明确成渝地区在创新资源集聚、创新成果规模、创新辐射效应、创新环境优化、新兴产业发展等方面的基础状况，在创新资源结构、创新产出质量、创新协作能力、创新平台服务能力、新兴产业合作等方面面临的挑战，这对更好地推动成渝地区在共建具有全国影响力科技创新中心的过程中明确自身优势和不足、提高建设效率具有重要的理论意义和战略意义。

第一节　发展基础

基本实现社会主义现代化是我国 2020 年至 2035 年的奋斗目标，但基于我国地广人多、发展不平衡等现实条件，实现该目标需要更多的经济增长极进行带动支撑。成渝地区共建全国有影响力的科技创新中心，将为成渝地区发展带来强劲动力，有效推动成渝地区形成新的创新活力源和增长动力源，进而成为带动整个西部地区高质量发展的增长极。丰富的创新资源、丰硕的创新成果、强劲的创新辐射、有吸引力的创新环境是成渝地区继北京市、上海市、广东省之后打造科技创新中心的基础条件。

一、创新资源集聚效果明显

创新是区域重要内在生长动力①。对地处西部地区的成渝地区而言，集聚创新创新资源对其激活内在动力、转换发展动能具有重要意义。近些年，成渝地区通过加大 R&D 经费投入、吸引科技创新人才、培育壮大科研机构与高校

---

① 谭文华. 自主创新：区域经济发展的内在动力 [J]. 科技管理研究，2008 (11)：4-5.

等方式厚植创新力生长土壤，创新资源集聚力效果显著增强。

（一）R&D 经费投入规模稳步增长

研究与试验发展（R&D）经费是指报告期内实施 R&D 活动而实际发生的全部经费支出。R&D 经费是衡量地区创新资源投入、评价地区科技实力和创新的重要指标。R&D 经费投入规模和 R&D 经费投入强度常用来衡量地区的科技实力与核心竞争力。

2012—2018 年，成渝两地 R&D 经费投入快速提升，始终保持稳步增长态势。四川 R&D 经费投入从 2012 年的 350.86 亿元增长至 2018 年的 737.08 亿元，增长幅度为 1.1 倍，历年同比增速均超过两位数。重庆 R&D 经费投入从 2012 年的 159.80 亿元增长至 2018 年的 410.21 亿元，增长幅度为 1.57 倍，历年同比增速均超过 10%，甚至在 2012 年以及 2014 至 2017 年期间超过 20%。（见表 2-1）

表 2-1　2012—2018 年成渝地区 R&D 经费投入规模表

地区	指标	2012	2013	2014	2015	2016	2017	2018
四川	R&D 经费投入（亿元）	350.86	399.97	449.33	502.88	561.42	637.85	737.08
	同比增速（%）	19.30	14.00	12.30	11.90	11.60	13.60	15.60
重庆	R&D 经费投入（亿元）	159.80	176.49	201.85	247.00	302.18	364.63	410.21
	同比增速（%）	24.50	10.40	14.40	22.40	22.30	20.70	12.50

数据来源：《四川省统计年鉴》《重庆市统计年鉴》

从全国层面来看，2018 年，全国共有广东、江苏、北京、山东、浙江、上海 6 个省市 R&D 经费投入规模超过千亿元。其中，广东、北京、上海的 R&D 经费投入分别为 2704.70 亿元、1870.80 亿元、1359.20 亿元。单看成渝两地的 R&D 经费投入，四川以 737.08 亿元排名全国第 8，重庆以 410.21 亿元排名全国第 17，但成渝两地加总的 R&D 经费投入则为 1147.29 亿元，将排名全国第 7，与上海接近。

R&D 经费投入强度是 R&D 经费投入占地区生产总值的比重，其反映了地区经济增长与创新投入之间的关系，也在一定程度上反映了地区创新能力发

展的进程。2012—2018 年，四川和重庆两地的 R&D 经费投入稳步增加，四
川从 2012 年的 1.47% 提升至 2018 年的 2.01%，重庆则从 2012 年的 1.40% 提
升至 2018 年的 1.81%（如图 2—1 所示）。R&D 经费投入强度明显提高，表
明成渝地区自主创新能力得到较大提升。

图 2—1　2012—2018 年成渝地区 R&D 投入经费与投入强度变化趋势图

数据来源：《四川省统计年鉴》《重庆市统计年鉴》

　　从成渝地区各主要城市层面看，重庆、成都、绵阳和德阳 4 市是成渝地区
创新资源的集聚地。2018 年，重庆、成都、绵阳和德阳 4 市 R&D 经费投入遥
遥领先于其他地区，其 R&D 投入经费分别为 410.21 亿元、392.30 亿元、
152.40 亿元和 57.30 亿元，占整个成渝地区 R&D 经费投入的比重分别为
36.60%、35.00%、13.60% 和 5.10%。在研发投入强度上，重庆、成都、绵
阳和德阳 4 市分别为 2.01%、2.56%、6.61% 和 2.59%，均遥遥领先于其他
地区。（见表 2—2）

表 2—2　2018 年成渝地区各主要城市 R&D 经费投入与 R&D 投入强度表

地区	R&D 经费（亿元）	投入强度（%）	R&D 经费投入占比（%）
成都	392.30	2.56	35.00
自贡	11.00	0.78	1.00
泸州	12.30	0.73	1.10

续表2-2

地区	R&D经费（亿元）	投入强度（%）	R&D经费投入占比（%）
德阳	57.30	2.59	5.10
绵阳	152.40	6.61	13.60
遂宁	8.60	0.70	0.80
内江	5.80	0.41	0.50
乐山	15.00	0.93	1.30
南充	10.40	0.52	0.90
眉山	5.10	0.41	0.50
宜宾	24.40	1.21	2.20
广安	1.50	0.12	0.10
达州	6.80	0.40	0.60
雅安	6.30	0.98	0.60
资阳	1.90	0.18	0.20
重庆	410.21	2.01	36.60
成渝地区	1147.20	1.90	100.00

数据来源：四川省科技统计中心、《重庆市统计年鉴》

从R&D经费的资金来源来看，四川省R&D经费投入来自企业资金的占比逐年提升，从2015年的48.3%提升至2018年的57.5%，企业R&D活动主体地位已经确立。政府资金在全省R&D经费的投入占比呈现下降趋势，从2015年的45.8%减少至2018年的39.5%，下降了5.7个百分点（如图2-2所示）。企业资金在R&D经费投入中占比的提升，表明创新资源的流向将更具市场化，创新资源将被投入到效益高、市场前景好的产业与领域，其使用效率将得到有效提升。

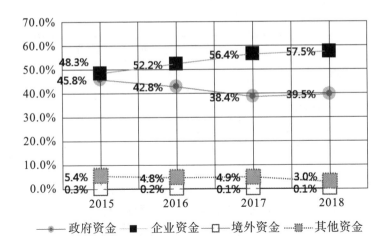

图 2—2　2015—2018 年四川省 R&D 经费按资金来源分组变化趋势图

数据来源：四川省科技统计中心

（二）科技创新人才加快集聚

人力资本对区域经济发展起着重要作用，人力资本水平决定了劳动生产率，对经济发展有直接影响，人力资本水平决定了区域技术吸收能力和研发水平，对经济有间接影响[①]。

2018 年，成渝地区共有 R&D 人员 40.54 万人，与北京的 39.70 万人接近，但与广东的 102.31 万人有较大差距；成渝地区 R&D 人员全时当量为 25.08 万人年，略低于北京的 26.73 万人年，与广东的 76.27 万人年同样有较大差距。成渝地区高校 R&D 人员为 8.37 万人，仅低于北京的 8.59 万人；成渝地区规模以上工业企业 R&D 人员为 21.66 万人，远高于北京的 6.91 万人和上海的 12.06 万人，但仍与广东的 80.64 万人有较大差距。（见表 2—3）

表 2—3　2018 年成渝地区与三大科技创新中心京沪粤 R&D 人员指标对比

	北京	上海	广东	成渝地区	重庆	四川
R&D 人员（万人）	39.70	27.12	102.31	40.54	15.11	25.43

---

① 赖明勇，张新，彭水军，等. 经济增长的源泉：人力资本、研究开发与技术外溢 [J]. 中国社会科学，2005（2）：32—46.

续表2-3

	北京	上海	广东	成渝地区	重庆	四川
R&D人员全时当量（万人年）	26.73	18.81	76.27	25.08	9.20	15.88
高校R&D人员（万人）	8.59	5.29	6.85	8.37	2.70	5.68
规模以上工业企业R&D人员（万人）	6.91	12.06	80.64	21.66	9.70	11.96

数据来源：中国科技部、中国国家统计局

2012—2018年，成渝地区R&D人员总量稳步增长，从2012年的22.79万人增长至2018年的40.54万人，年均复合增长率超10%；R&D人员全时当量由2012年的14.41万人年增长至2018年的25.08万人年，年均复合增长率为9.67%；高校R&D人员由2012年的4.77万人增长至2018年的8.37万人，年均复合增长率为9.82%；规模以上工业企业R&D人员由2012年的12.45万人增长至2018年的21.66万人，年均复合增长率为9.67%（见表2-4）。此外，在创新人才吸引方面，成都市以人才净流入率5.53%位列全国第三，且外籍人才日益增多。截至2018年4月，成都和重庆分别有来自86个国家的2846名和1762名外国人办理"外国人工作许可证"，分列中西部地区第一、第二。根据全球职场社交平台LinkedIn（领英）撰写的《2019人才流动与薪酬趋势报告》相关数据，成都的人才净流入率位居非一线城市第三位，达到2.8%，意味着在领英的每100位人才中就有4位在2018年选择来成都发展。成都和重庆作为新一线城市，与一线城市相比有着就业机会多、薪资相对高、生活环境好等方面优势，对本地和外地人才产生了较大的吸引力。

表2-4 2012—2018年成渝地区R&D人员主要指标变化

	2012	2013	2014	2015	2016	2017	2018
R&D人员（万人）	22.79	25.76	29.12	29.65	32.67	37.35	40.54
R&D人员全时当量（万人年）	14.41	16.23	17.80	17.84	19.27	22.40	25.08
高校R&D人员（万人）	4.77	5.27	6.25	6.93	6.28	7.35	8.37
规模以上工业企业R&D人员（万人）	12.45	14.62	16.50	15.95	18.44	21.09	21.66

数据来源：中国科技部、中国国家统计局

（三）科研机构与高校资源富集

区域创新的两个关键要素是区域内主导产业与各类科研机构和教育机构的基本制度安排，这两个要素协同推进创新。而创新型产业集聚，大多得益于高校、科研机构和高技术企业在区域内集聚形成的支持。[①]

2018 年，成渝地区共有企业属研发机构数 2446 个，其中四川占比54.50%，重庆占比 45.50%；成渝地区共有政府属研发机构 185 个，其中四川占比 83.78%，重庆占比 16.22%。与北京、上海、广东三地相比，成渝地区在企业属研发机构数与政府属研发机构数方面具有突出优势，排名均位于第二。（见表 2-5）

表 2-5　2018 年成渝地区与北京、上海、广东科研机构、高校数量比较表

	北京	上海	广东	成渝地区	重庆	四川
企业属研发机构数（个）	572	628	21740	2446	1113	1333
政府属研发机构数（个）	382	128	182	185	30	155
高校数（个）	92	64	152	184	65	119

数据来源：中国科技部、中国国家统计局

高校资源丰富又是成渝地区的闪光点。2018 年，成渝地区共有高校 184所，远高于广东的 152 所，甚至是北京高校数量的 2 倍、上海高校数量的 3倍。2020 年，川渝地区普通高校数量增加至 200 所，且大部分集中在成都与重庆两个城市。其中，本科学校 79 所，成都与重庆两座城市便占到了 55 所；"一流大学"建设高校 3 所，"一流学科"建设高校 7 所，这些学校除四川农业大学以外均位于成都与重庆。鉴于高校、科研机构和高技术企业的集中分布有利于形成创新型产业集群，进而促进区域经济增长和区域创新发展，成渝地区立足于地理同域、文化同源、经济同体的优势，致力于打造高等教育集群。2020 年，成渝地区 20 所高校推动成立成渝地区双城经济圈高校联盟，并发布了《成渝地区双城经济圈高校联盟成立宣言》。除了加强川渝两地高校合作共

---

① 陈涛，唐教成. 高等教育如何推动成渝地区双城经济圈发展——高等教育集群建设的基础、目标与路径［J］. 重庆高教研究，2020（4）：40-57.

享，成渝地区还扩大合作版图，加强与外地"双一流"高校的合作。例如，厦门大学与成都天府新区共建厦门大学四川研究院、清华大学与重庆签署战略合作协议助力西部（重庆）科学城建设，上海大学、西南交通大学与成都市签订战略合作协议助力中国西部（成都）科学城建设，等等。

二、创新成果不断涌现

（一）有效专利拥有量高速增长

有效专利是指专利申请被授权后仍处于有效状态的专利，它是衡量地区自主创新能力与创新成果产出的重要指标。2012—2018 年，成渝地区有效专利拥有量保持高速增长，从 2012 年的 14.83 万件增长至 2018 年 39.91 万件；历年有效专利申请量同比增速仅在 2017 年低于 10％，其余年份均高于 10％，最高甚至达到 28.40％（如图 2-3 所示）。

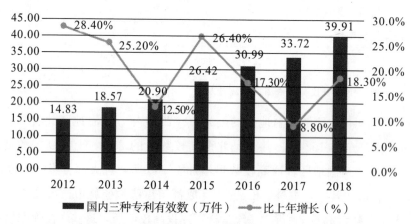

图 2-3　2012—2018 年成渝地区有效专利拥有量、同比增速变化趋势图

数据来源：《四川省统计年鉴》《重庆市统计年鉴》

（二）专利产出质量稳步提升

我国专利可分为发明专利、实用新型专利和外观设计专利三种类型，而发明专利是三种专利类型中技术含量最高、创新价值最大、核心竞争力最强、保护期最长的一种。发明专利最能体现一个地区的自主创新能力，是衡量一个地区科研产出质量和市场应用水平的综合指标。2012—2018 年，成渝地区有效

发明专利数增长迅速，从 2012 年的 1.98 万件增长至 2018 年的 8 万件，年均复合增长率为 26％；万人有效发明专利拥有量从 2012 年的 1.8 件上升至 2018 年的 6.99 件，年均复合增长率为 25.3％（如图 2－4 所示）。有效发明专利数在三种专利类型中的比重逐年提高，从 2012 年的 13.4％上升至 2018 年的 20％，表明随着成渝地区大力实施创新推动战略，持续深化知识产权领域创新改革，其创新产出质量得到逐年提升。

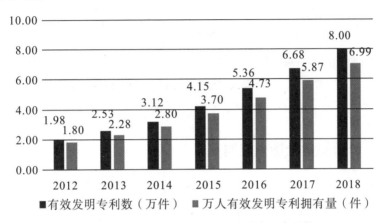

图 2－4　2012—2018 年成渝地区有效发明专利数、

万人有效发明专利拥有量变化趋势图

数据来源：《四川省统计年鉴》《重庆市统计年鉴》

（三）专利产出的空间集聚效应明显

成渝地区专利研发在地理上的分布呈现非均衡状态，有效发明专利高度集中在成都与重庆两市，出现典型的成都、重庆两头独大的分布状况。2018 年，整个成渝地区共拥有有效发明专利 80006 件，其中，成都的有效发明专利最多，达到 30602 件，占比 45％；其次是重庆，有效发明专利数达到 27932 件，占比 34.9％。绵阳、攀枝花和德阳分别以 5081、1973 和 1856 件的有效专利数位居第三、第四、第五。其余地区的有效专利数都很少，均没有超过 1000 件，占比也小于 2％。（如图 2－5 所示）

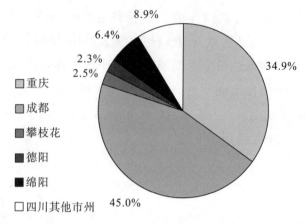

图 2-5 2018 年成渝地区各市州有效发明专利占比图

数据来源:《四川省统计年鉴》《重庆市统计年鉴》

三、创新辐射全国效应明显

区域经济范畴中的"动力源",是指依托强大的人口和经济规模体量,通过高端要素资源控制配置、创造发明和创新发现驱动、高频次对外交往等高能级活动,从而对全国乃至全球产生强大辐射扩散、引领带动作用的城市群或者都市圈形态,是特定经济地理区域发展到高级成熟阶段的空间结构体系呈现。随着创新资源在成渝地区不断集聚,成渝地区也成为区域创新动力源,达到成渝地区充当西部经济增长极相对应的能级,对中西部乃至全国创新活动产生强大的辐射带动作用。

(一)技术辐射能力增长强劲

2012—2018 年,成渝地区技术市场不断发展,创新辐射能力不断增强。技术市场技术输出地域合同数出现先降后升的变化趋势,2018 年技术合同数比 2012 年增长了 18.9%;技术市场技术输出地域合同金额呈现稳步上升趋势,由 2012 年的 165.3 亿元上升至 2018 年 1185.1 亿元,年均复合增长率为 38.86%,远高于全国技术输出合同金额年均复合增长率(9.77%),如图 2-6 所示。

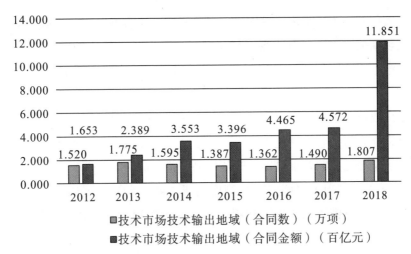

图2-6　2012—2018年成渝地区技术输出合同数与合同金额变化趋势图

数据来源：EPS中国科技数据库

从技术输出合同成交额排名看，重庆市在2012—2018年的全国排名保持在第12至25，2012年全国排名第16，2018年全国排名仍为第16，名次变化平稳。而四川在2012—2018年的全国排名呈上升趋势，2012年全国排名为第10，2018年全国排名为第6。

成渝地区技术输出合同金额占全国比重从2012年的2.6％增长至2018年的6.75％，与其地区生产总值占全国GDP比重的6.8％大体相当，这意味着成渝地区对国内的创新辐射能力与其经济辐射能力相当。

成渝地区技术输出合同金额占地区生产总值的比重由2012年的0.47％增长至2018年的1.94％，增长了3.12倍。在2012年，全国技术输出合同金额占GDP的比重为1.2％，此时成渝地区落后于全国平均水平。经过增大创新投入以及加强对科技转换成果的重视，2018年成渝地区的技术输出合同金额占地区生产总值的比重逐步接近全国平均水平（1.97％）。

（二）改革创新经验全国推广

科技创新中心形成的基础及可持续发展的支撑是领先的制度创新。[①] 落实

---

① 王佳宁，白静，罗重谱. 创新中心理论溯源、政策轨迹及其国际镜鉴［J］. 改革，2016（11）：41—52.

更多务实创新的改革举措、探索更多可复制推广的改革创新经验是彰显区域改革开放创新战略能级以及表现区域引领示范辐射带动能力的重要途径。近年来，成渝地区大胆创新，释放制度活力，积累了不少向全国推广的改革创新经验。

重庆改革创新经验产出主阵地在重庆自由贸易试验区。该自贸区于 2017 年 3 月设立，肩负着推动重庆市内陆开放高地建设的重任。截至 2018 年 8 月，该自贸区全面复制前两批自贸区改革成果经验，推动落实改革试点任务，形成了 13 个改革创新典型案例、34 项制度创新成果。其中，由重庆海关推出的自主备案、自定核销周期、自主核报、自主补缴纳税款和简化业务核准手续的"四自一简"监管创新已在全国范围内推广。2019 年 10 月，重庆自由贸易试验区已累计形成 197 项制度创新成果。这 197 项制度创新成果中，除海关特殊监管区域"四自一简"外，铁路提单信用证融资结算、知识价值信用融资创新模式、市场综合监管大数据平台等 12 项经验和案例也在全国范围内得到推广。

而四川曾于 2015 年获批为全国 8 个全面改革创新试验区之一。"成—德—绵"作为四川人口最为集中、科技实力最为雄厚、经济总量最大的领先发展地区，成为四川全面推进创新改革的核心区域与重要依托。围绕全面推进创新改革试验，成都在打通政产学研用创新通道方面出台科技协同"创新十条"，积极推进高校和科研院所科技成果"三权"改革；德阳依托职业教育培育高技能人才，依托技术联盟引进领军人才，制定出台股权和分红激励等 7 类 44 条创新政策，激励科技人员自主创新研发。四川已梳理出 60 余条可复制推广的储备经验，包括军民两用技术联盟股权合作融合、民口企业配套军品的认定标准和转入机制等，其中 21 条经验已取得明显成效，如探索军民混合所有制改革、开展职务科技成果权属混合所有制改革等。

2019 年，在国务院确定的全国推广的第二批 23 条改革创新经验中，四川入选 8 条。其中，由四川独立形成的经验有 5 条，与其他试验区合作的经验有 3 条，四川在这两方面均排名第一。四川改革创新试验主要集中在科技与经济结合、科技与金融结合等方面。其中，在科技与金融结合模式创新上，四川形成了一条有效解决民营企业融资难、融资贵问题的经验，即以协商估值、坏账分担为核心的中小企业商标质押贷款模式。截至 2019 年，在国务院确定的全国推广的两批 36 条改革创新经验中，四川入选 16 条，其中独立形成经验达

11 条，其可复制推广经验的创造工作走在了 8 个试验区前列①。

四、创新环境持续优化

对初创企业和投资者而言，城市对创新创业的支持力度以及城市的创新创业状况是非常重要的，一个具备优异创新创业环境的城市往往更能吸引高水平人才、创新企业以及创新资本的集聚。成渝地区近些年通过实施创新驱动战略，统筹与集聚政策、资本和服务等创新要素，其创新创业环境的改善取得一定成效，市场经济主体活力得到激发，吸引了众多世界 500 强企业落户。

（一）创新创业环境排名居全国前列

2018 年 12 月，国内首份营商环境评价报告《中国城市营商环境报告2018》由中央广播电视台发布。该报告按照"要素＋环境"的理论框架，从必要性要素与支持性要素两个类别出发，构建了由基础设施、人力资源、金融服务、政务环境、法制环境、创新环境和社会环境 7 个维度组成的城市营商环境指标体系。在包括 4 个直辖市、27 个省会城市和自治区首府和 5 个计划单列市共 36 个评价对象中，重庆和成都综合得分排名分列全国第 5、第 6、中西部地区第 1、第 2（如图 2－7 所示）。在 7 个分维度评价榜单上，重庆和成都在创新环境、金融服务、社会环境等方面表现突出。

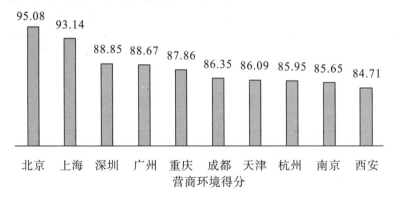

图 2－7　2018 年中国城市营商环境前 10 强等分图

数据来源：《中国城市营商环境报告 2018》

---

① 其余 7 个试验区为津京冀、上海、广东、安徽、武汉、西安和沈阳。

在创新环境维度，重庆与成都分别排名全国第 3、第 4，仅次于深圳和上海。近些年重庆通过推出重庆科学城和两江协同创新区、加快引进高校科研机构的方式，在创新资源集聚上取得明显进步。截至 2018 年年底，重庆已吸引中国科学院大学重庆学院、新加坡国立大学、比利时鲁汶大学、同济大学等海内外高校一批重点项目落地重庆，与斯坦福大学、清华大学、北京大学、复旦大学等院校达成合作意向。同时，重庆大力推动以大数据智能化引领的创新驱动战略，助推产业转型升级，吸引了腾讯、阿里巴巴、紫光、华为、华润微电子、中国电科等一大批国内重量级创新型企业来重庆开拓市场。而成都是国家首批创新型试点城市，也是知识产权示范市，曾获得中国十大创新型城市荣誉称号，创建了国内首个金融业众创空间，设立了规模达到千亿元的成都发展基金，在解决种子期、初创期科技企业融资首投难、首贷难等问题上有亮眼表现。2018 年，全国"大众创业 万众创业"创新活动周在成都开幕，这是双创周主会场首次在除北京、上海、深圳以外的内陆地区举办。除了有成渝两地支持创新创业发展的政策，成渝地区还有深厚的川渝文化、诱人的美食、多彩的景点以及兼容并包的态度，对外展示着巨大的发展机遇。在创新孵化载体数上，成渝两地在 2019 年共有国家科技企业孵化器 54 个，与上海（56 个）接近；有国家众创空间 107 个，仅次于广东与北京；有国家大学科技园 7 个，仅次于北京和上海（见表 2-6）。

表 2-6　2019 年成渝地区与北京、上海、广东孵化载体数对比表

	重庆	四川	北京	上海	广东
国家科技企业孵化器（个）	19	35	61	56	152
国家众创空间（个）	42	65	154	73	233
国家大学科技园（个）	2	5	15	13	3

数据来源：科技部火炬中心

在金融服务维度，成都排名全国第 6。2018 年，成都加快建设西部金融中心，金融业增加值 1750 亿元，占地区生产总值比重达 12%；成都本外币存款余额 3.78 万亿元，排名全国第 6；贷款余额 3.26 万亿元，排名全国第 7；保费收入 927 亿元，在所有副省级城市中排名第 3；根据第 10 期"中国金融中心指数"，成都位居全国第 6、中西部第 1；根据第 24 期"全球金融中心指

数"，成都位居全球第 79，较上期提升 3 位，领跑中西部地区。同时，成都资本市场建设也取得突破性进展。2018 年，成都新增境内外上市企业 11 家，新增私募基金 370 家，率先出台上市公司纾困帮扶政策，设立百亿元帮扶基金，并已实现募资 70 亿元；深圳证券交易所西部基地落户成都高新区；天府基金小镇集聚投资类相关机构 322 家，管理资金规模达 2894 亿元；政府投资基金规模达 154.5 亿元；全年实现直接融资 3000 亿元，金融服务实体经济水平显著提升。不仅成都市努力提升金融服务的辐射带动作用，四川省其他有金融基础的城市也在积极探索金融服务于科技产业的渠道。2017 年，四川省启动科技与金融试点城市建设，探索适合四川科技创业企业发展的金融模式。第一批试点城市共有 7 个，其中德阳、乐山、广元为综合试点城市，攀枝花、泸州、宜宾和南充围绕各自产业优势，深化科技与金融结合。攀枝花围绕绿色旅游和钒钛产业链进行试点，泸州围绕能源、化工、食品产业进行试点，宜宾围绕化工、食品、能源产业进行试点，南充则围绕特种材料、大型装备制造、精密模具和特色农业进行试点。在为期三年的试点期，这一批试点城市从财政投入方式创新、科技金融股权融资、科技金融债券融资、多层次资本市场融资、科技保险、科技金融服务体系建设等多方面开展先行先试。适宜的融资机制，有利于新技术创意通过种子期、创业期、拓展期，并达到产业化的成熟期。①

在社会环境维度，重庆排名全国第 2，成都排名全国第 4。良好的社会环境为企业成长提供积极的外界氛围，市场经济的发展离不开社会诚信水平的提升。成都和重庆在加强社会组织信用管理、完善社会组织信用体系等方面表现优异。2018 年，国家发改委和中国人民银行公布首批社会信用体系建设示范城市名单，成都是唯一的中西部地区城市。按照社会信用体系建设示范城市规划，成都于 2020 年实现与国际惯例接轨，构建与社会主义市场经济体制和社会治理体制相适应的社会信用体系，公共信用信息管理系统覆盖全市。重庆近些年也大力推进社会信用体系建设，建成 60 余家市级部门和 30 余个区县共同参与的联席会议制度以及全市统一的公共信用信息平台，2016 至 2018 年连续三年进入全国城市信用榜单前三，"失信者处处受限，守信者处处便利"的社

---

① 吴敬琏. 制度重于技术——论发展我国高新技术产业 [J]. 经济社会体制比较，1999（5）：1—6.

会氛围正逐步形成。

(二)市场经济主体活力进一步激发

随着创新创业环境不断优化,成渝地区市场主体的活力潜力进一步被激发。2014—2018 年,四川省市场主体数量增长迅速,从 2014 年的 354.97 万户增长至 2018 年的 560.94 万户,历年同比增速仅 2016 年低于 10%,其余年份均高于 12%;每万人拥有市场主体数从 2014 年的 436 户上升至 2018 年的 697 户,年均复合增长率约为 12.4%。2018 年,四川实有市场主体总量 560.94 万户,居全国第 6,西部地区首位;市场主体数量同比增长 13.30%,相较全国平均增速高出 1 个百分点;每万人拥有市场主体数 697 户,同比增长 13.3%(如图 2-8 所示)。其中,实有个体工商户 409.4 万户,同比增长 13%;实有各类企业 141.54 万户,同比增长 14.5%。2018 年,四川新增市场主体 105.3 万户,同比增长 3.1%;日均新增市场主体 2884 户,同比增长 3.1%。其中,新增个体工商户 73.4 万户;新增各类企业 30.5 万户,同比增长 17.5%;新增农民专业合作社 1.37 万户。

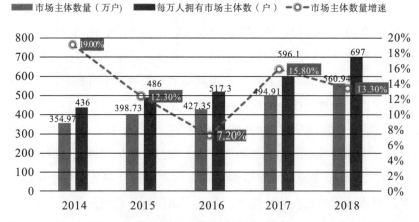

图 2-8　2014—2018 年四川省市场主体数量与万人拥有市场主体数变化趋势图

数据来源:四川省经济和信息化厅

重庆市市场经济主体数由 2012 年 8 月的 120.07 万户增长至 2018 年 6 月的 242.2 万户，年均复合增长率为 11.34%；民间资本活跃程度稳步提升，民营市场主体占总市场主体的比重由 2012 年的 95.48% 上升至 2018 年的 98.21%；每万人市场主体数由 2012 年的 431 户提升至 2018 年的 780.8 户，年均复合增长率达 10.41%。2018 年，重庆 237.89 万户民营经济市场主体中，有民营企业 72.35 万户、个体工商户 161.16 户、农民专业合作社 3.38 万户。

（三）世界 500 强企业落户数量快速增长

一个地区世界 500 强企业落户数量的多少，在一定程度上可以反映该地区的投资环境、经济发展潜力。成渝地区近些年迸发出的强大创新创业活力吸引了近一半的世界 500 强企业选择落户成渝地区，共享成渝发展成果。

2018 年，世界 500 强企业在成都落户数量为 285 家，较 2014 年增加了 23 家，年均复合增长率为 2.1%；世界 500 强企业在重庆落户数量为 281 家，较 2013 年增加 46 家，年均复合增长率为 3.6%。在 500 强企业引进方面，成都主要集中在服务业和制造业。工业领域主要分布在航空制造、电子信息、汽车、食品加工、石油开采等；服务业领域主要分布在物流、金融保险、商业零售等。重庆主要集中在工业和信息化产业，占比达 82.6%。其中，信息技术行业 61 家，汽车行业 40 家，化医、装备、能源、工业物流、材料和消费品行业分别是 27 家、26 家、21 家、20 家、19 家和 18 家。

从世界 500 强企业在国内主要城市落户数量情况来看，中西部地区的成都有 285 家、重庆有 281 家、武汉有 254 家、西安有 203 家；东部地区的广州有 297 家、深圳有 280 家、青岛有 134 家、杭州有 118 家（如图 2-9 所示）。成都与重庆的世界 500 强企业入驻数量不仅在中西部排名数一数二，而且在全国范围内也十分突出，这意味着成渝两地不仅是内陆城市投资环境的标杆城市，而且已经具备全国乃至全球投资标杆城市的实力。

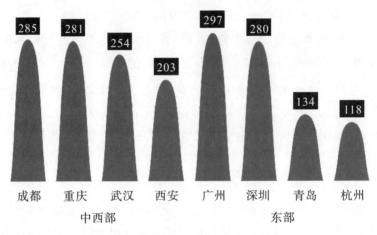

图 2-9 世界 500 强企业在国内主要城市落户数量图（2018 年榜单）

五、新兴产业增势强劲

（一）战略性新兴产业蓬勃发展

战略性新兴产业是指以重大技术突破和重大发展需求为基础，对经济社会全局和长远具有重大引领带动作用，成长潜力巨大的产业，是新兴科技和新兴产业的深度融合，既代表着科技创新的方向，也代表着产业发展的方向，具有科技含量高、市场潜力大、带动能力强、综合效益好、允许新兴技术率先试错等特征。当前，战略性新兴产业已成为区域新旧动能转换的重要支撑，成为各地落实创新驱动发展战略的重要抓手。

随着《四川省"十三五"战略性新兴产业规划》《重庆市建设国家重要现代制造业基地"十三五"规划》等指导政策出台实施，成渝地区战略性新兴产业规模不断扩大、能级不断提升，其对区域经济的支撑与引领作用逐步增强。2019 年前 3 个季度，四川省战略性新兴产业增加值同比增长 14.1%，高于全国战略性新兴产业工业增加值增速 5.7 个百分点，高于全省规模以上工业增加值增速 5.9 个百分点。2018 年，重庆市战略新兴产业增加值同比增速 13.1%，高于全国战略性新兴产业工业增加值增速 4.2 个百分点，高于全省规模以上工业增加值增速 12.6 个百分点；战略性新兴产业占整个重庆市规模以上工业增加值的 22.9%，对规模以上工业增长的贡献率达到了 495%①。

经过近十年的发展，成渝地区以新一代信息技术、生物、高端装备、节能环保为代表的战略性新兴产业已初具规模，在诸多行业开始形成具有一定影响力的头部企业和不少发展潜力十足的特色企业与产业集群。

截至 2018 年年底，重庆市已在智能终端、集成电路、新型显示、互联网计算大数据、物联网、人工智能、智能制造装备、新能源汽车及智能网联汽车等 14 个领域重点发展战略性新兴产业。在智能终端领域，全国排名前 20 的手机品牌已有 8 家落户重庆，现有 OPPO 重庆基地、vivo 重庆基地、iPhone 可穿戴设备等项目落地。在集成电路领域，现有瑞迪科集成电路设计、万国半导体功率半导体器件晶圆及封测、爱思开海力士 12 英寸半导体封测、超硅半导体级抛光硅片等项目落地重庆，基本形成集成电路设计、晶圆制造、封装测试、零部件配套的全产业体系。在新型显示领域，重庆通过实施惠科 8.6 代面板和整机、京东方 8.5 代面板和整机、康宁玻璃基板、中光电触控显示一体化项目，基本形成光学材料、玻璃基板、液晶面板、显示器件的全产业体系。

2017 年，四川省发布战略性新兴产业（产品）发展指导名录，包括新一代信息技术、新材料、生物、新能源、新能源汽车、节能环保等 47 个具有比较优势的重点产品和关键技术，并在新一代信息技术领域、高端装备制造、新能源、生物以及节能环保等领域形成了产业集群和产业发展带。在新一代信息技术领域，电子信息产业成为成都高新区的三大主导产业之一，现已基本形成信息安全产业集群、软件及服务外包产业集群、集成电路产业集群、光电显示产业集群和通信产业集群。在高端装备制造领域，四川具有轨道交通产业企事业单位近 100 家，构成了集科研、勘察设计、工程建造、运营维护、装备制造等板块和系统的全产业链。德阳已形成了以二重装备、东汽、东电、东锅、航天宏华等国际知名龙头企业为核心的千亿级现代先进装备制造产业集群。成都高新区已集聚中电科、海特集团、民航二所、普惠艾特、铁姆肯、高龙机械等40 余家航空装备龙头企业，初步形成"航空电子＋航空零部件＋航空维修及服务"的产业特色，并将携手德阳和绵阳三地联合建设航空产业集聚区。在新能

---

① 国家统计局重庆调查总队. 2018 年重庆市经济运行情况［EB/OL］. (2019-05-29)［2021-05-03］. http://tjj. cq. gov. cn/zwgk_223/fdzdgknr/tjxx/sjjd_55469/20200219_5273932. html.

源领域，天威集团在成都双流打造天威新能源（西南）产业园以及从铸锭、切片、电池片到组件的产业基地，在新津、乐山打造硅材料生产基地，四川已初步形成完整的太阳能产业链和规模化生产基地。在生物领域，成都高新区是国家生物产业基地、国家首批医药出口基地、国家科技兴贸出口创新基地和国家生物医用材料基地的核心区和承接地，集聚了地奥集团、恩威集团、华西药业、国家生物治疗重点实验室、国家成都中药安全性评价中心、手性药物国家工程研究中心等医药集团和研究中心，拥有医药相关产业1000余家，并有4位诺贝尔奖获得者及其团队落户此地，成都高新区的生物医药的发展具有雄厚基础和强劲实力。在节能环保领域，自贡成为国家节能环保装备制造示范基地，已形成节能锅炉、泵阀设备、输送及工程机械、电力输变电设备、焊接材料及装备商用汽车及零部件等较为完备的产品产业链。

根据CNKI产业创新生态系统统计的最新数据，成渝地区的新一代信息技术产业（4055家）、节能环保产业（2221家）以及新能源汽车产业（1985家）位居七大战略性新兴产业企业数前三；新能源汽车产业企业拥有量在四大科技创新中心排名第2，仅次于广东；高端装备制造、新材料和节能环保产业企业拥有量在四大科技创新中心均排名第3（如图2—10所示）。整体而言，成渝地区在战略新兴产业企业数量指标上与其他三大科技创新中心指标的平均水平差距并不算大。

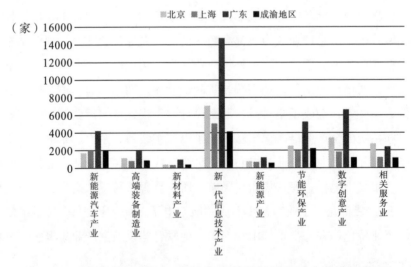

图2—10 成渝地区与北京、上海和广东战略性新兴产业企业数量对比图

数据来源：CNKI产业创新生态系统（八大战略性新兴产业中生物产业数据缺乏统计）

（二）高新技术产业快速成长

高新技术产业是指用当代尖端技术生产高技术产品的产业群，是研发投入高、研发人员比重大的产业，也是发展较快、对其他产业渗透能力极强的产业。我国高新技术产业主要包括软件、计算机硬件、网络、通信、半导体、一般 IT 行业、医药保健、环保工程、生物科技、新材料、资源开发、光电子和光机电一体化、新能源和高效节能技术、核应用技术、其他重点科技、科技服务等 16 类。近些年，成渝地区高新技术产业发展加快，对经济社会发展的支撑带动作用逐步增强。

2018 年年底，四川省规模以上工业高新技术企业达 2390 家，主要指标均实现 10% 以上增长。其中，主营业务收入同比增长 17.0%，高于规模以上工业增速 3.2 个百分点；工业销售产值同比增长 17.9%，高于规模以上工业 4.0 个百分点；资产总额同比增长 15.4%，高于规模以上工业 7.0 个百分点。从各细分门类主营业务占比分布来看，电子信息领域占据主导地位，计算机、通信和其他电子设备制造业主营业务收入占比超过 40%；其次是医药制造业（12.0%）、通用设备制造业（6.3%）、黑色金属冶炼和压延加工（5.8%）、化学原料和化学制品制造业（5.8%）和电子器械和器材制造业（5.6%），其余门类均未超过 3%。从各市州主营业务收入占比分布上，成都、绵阳和德阳高新技术产业主营业务收入占据全省前三位，分别达到 5238 亿元、1353 亿元和734 亿元，占全省的比重达 65.3%。其中，成都高新技术企业主营业务收入占全省比重达 46.7%。自贡、广安、宜宾、乐山和攀枝花 5 市主营业务收入超300 亿元，南充、凉山、眉山、遂宁和达州 5 市（州）主营业务收入超 200 亿元，资阳、广元、泸州、内江和雅安 5 市主营业务收入超 100 亿元。[①]

2018 年，重庆市高新技术企业有 2430 家，同比增长 21.7%；工业总产值达 7415 亿元；新增的高新技术企业主要集中在先进制造与自动化、电子信息和新材料三个领域，其比重分别为 35.4%、23.3% 和 16.3%。重庆新一代信息技术产业、生物产业、新材料产业、高端装备制造业等领域发展较快，分别

---

① 2018 年全省高新技术产业实现平稳较快发展［EB/OL］.（2019-02-08）［2021-07-03］. http://www.sc.gov.cn/10462/10464/10465/10574/2019/2/28/7e377804fc034659a29fee07aeecda00.shtml.

增长了 22.2%，10.0%、6.5% 和 13.4%。

随着成渝一体化发展的呼声越来越高，成渝两地的产业链出现双向延伸，产业从成都和重庆主城向两地之间的城市疏解。在较早的时候，成渝两地的产业转移扩散的对象以中低端产业为主，如地处成渝经济区腹心和成渝两地中点的资阳安岳在 2013 年便是成渝两地鞋产业外迁转移的承接地。随着两地相向发展进程加快以及成渝"中间地带"城市通过建设高新产业园区的方式积极承接产业转移，汽车、新材料、电子信息等高新技术产业也出现扩散态势。例如，绵阳高新区为争创成渝地区产业转移示范区，实施了强链建链行动，加快建设新型显示功能区，增强与成渝地区在电子信息、汽车等领域建立产业交流机制；自贡沿滩高新技术产业园定位为立足川南、服务成渝、面向全国和东南亚的川南新材料产业基地，吸引了重庆普力晟新材料公司入驻，并与重庆照明电器协会签订了灯饰照明产业战略合作协议；遂宁作为成渝两地的轴心城市，在成渝两地新能源汽车产业的强势带动下，通过延链补链强链，形成了锂电和新材料产业集群，并取得"中国锂电之都"的称号。高新技术产业的溢出让成渝中部城市有了更多从"地理轴心"向"功能轴心"转变的筹码，将有利于其发挥磁场效应吸引信息流、发挥洼地效应吸引资金流、发挥抱团效应吸引项目流、发挥灯塔效应吸引人才流、发挥聚变效应吸引知识流，成为成都与重庆之间第三极的创新支撑点。①

第二节　发展挑战

自国家提出成渝地区打造全国有影响力的科技创新中心以来，成渝两地签署了《进一步深化川渝科技创新合作 增强协同创新能力 共建具有全国影响力的科技创新中心框架协议》，加快了成渝地区共建科技创新中心的步伐。成渝不断打破合作壁垒，增强两地协同创新，但要继北京、上海、广东之后打造全国有影响力的科技创新中心，还面临着一些挑战。

---

① 翟琨，卢加强，李后强. 成渝地区双城经济圈一体化"化学键"形成探析——基于轴心论的视角 [J]. 中国西部，2020（1）：7—16.

一、创新资源结构有待优化

研发投入强度有待提升。2018 年，四川和重庆的 R&D 经费投入占地区生产总值的比重分别为 2.01％和 1.87％，远低于北京（6.17％）、上海（3.98％）、广东（2.78％），甚至低于全国平均水平（2.19％）。其中，四川的省会城市成都的 R&D 经费投入强度仅为 2.56％，远低于广东的深圳（4.2％）和安徽的合肥（3.28％）。此外，四川 R&D 经费投入来源中，企业资本占比为 57.5％，与广东超过 80％的占比还存在较大差距。

基础研究能力有待提高。基础研究能力薄弱是区域原始创新力不足、缺乏具有国际影响力创新成果的主要原因。[①] 在承担国家重点研发计划项目上，2018 年成渝地区承担项目数量为 41 项，经费总额为 7.74 亿元，低于北京（387 项，61.54 亿元）、上海（80 项，15.03 亿元）和广东（55 项，9.15 亿元）；在承担国家自然科学基金重点项目上，2018 年成渝地区承担项目数量为 26 项，经费总额为 0.75 亿元，低于北京（203 项，5.99 亿元）、上海（106 项，3.08 亿元）和广东（49 项，1.41 亿元）；在获得国家科学技术奖励数目上，2018 年成渝地区获得 38 项，少于北京（69 项）、上海（47 项）和广东（45 项）。这些数据意味着成渝地区的基础研究能力与北京、上海和广东还存在较大差距，而成渝地区要打造具有全国影响力的科技创新中心，在现有科技力量基础上实现跨越赶超，就必须在基础科学上有创新、有突破，成为科技创新的策源地。

高端创新资源集聚有待强化。2019 年，成渝地区已建和在建的国家重大科技基础设施共 9 个，低于北京（15 个）和上海（13 个）；国家重点实验室数量为 21 个，远低于北京（116 个）和上海（44 个）。此外，相较于国内外其他科技创新中心，成渝地区缺乏世界顶尖的研究型大学和重大科技基础设施。成渝地区的旗舰高校四川大学和电子科技大学在"QS 世界大学排名"中分别为600 多名和 750 多名，与世界一流大学还存在较大差距。

高端创新人才数量有待增加。创新驱动的本质是人才驱动，高端技术人才

---

① 王宝玺. 21 世纪日本自然科学诺贝尔奖"井喷"现象成因研究——基于 1970—2005 年日本 R&D 投入计量分析 [J]. 科技管理研究，2018（11）：252−259.

的汇聚使得区域可以持续根据国家战略和产业发展进行高水平创新,占领技术的制高点。[①] 2019 年成渝地区院士人数为 75 人,低于北京(830 人)和上海(181 人);国家万人计划领军人才数量为 65 人,仍远低于北京(283 人)和上海(467);国家杰出青年人数为 10 人,远低于北京(102 人)、上海(41 人)和广东(19 人)。这些数据表明成渝地区的高端创新人才资源与三大科技创新中心还存在较大差距,高端创新人才的培育与引入还有待加强。

二、创新产出质量有待提高

成渝地区的创新产出已具备一定规模,但其产出质量与三大科技创新中心仍存在较大差距。2018 年,成渝地区发明专利申请数达到 7.6 万件,但反映科研产出质量和市场应用水平的有效发明专利数与北京和广东有明显差距,约为北京的 33.1%、广东的 32.1%;每万人发明专利拥有量仅有 7 件,远低于广东(22.3 件)、上海(47.5 件)和北京(111.2 件)。在反映国际创新影响力的 PCT 国际专利申请量上,2018 年成渝地区 PCT 专利申请量为 695 件,仅为上海的 27.8%、北京的 10.7% 和广东的 2.7%,PCT 国际专利申请量较少间接反映了成渝地区缺乏世界顶尖的研究型大学和具有世界影响力的企业。在反映科技转化成果的技术合同成交额上,2018 年成渝地区技术合同成交额为 1270.4 亿元,与广东的 1387.0 亿元与上海的 1303.2 亿元接近,但与北京的 4957.8 亿元有较大差距(见表 2-7)。

表 2-7 成渝地区与北京、上海和广东创新成果对比

	北京	上海	广东	成渝地区
发明专利申请量(万件)	11.8	6.3	21.6	7.6
有效发明专利拥有量(万件)	24.1	11.5	24.9	8.0
每万人发明专利拥有量(件/万人)	111.2	47.5	22.3	7.0
PCT 专利申请量(件)	6500	2500	25256	695
技术合同成交额(亿元)	4957.8	1303.2	1387.0	1270.4

数据来源:各地统计年鉴与科技部火炬中心

---

① 李建军,王添. 汇聚高端创新人才建设国家科技创新中心的历史经验 [J]. 山东科技大学学报(社会科学版),2018(5):11—19.

产学研协同创新体系的构建，能显著促进公共科技成果快速转化，并推动科学研究面向产业创新需求，形成科技发展和产业发展共同进步的局面。[①] 当前，成渝地区还存在着丰富的创新资源未能得到高效利用、研发优势未能充分体现、产学研协同创新比率较低的问题。2018 年，重庆实现技术合同交易 2988 项，技术合同成交额达到 266 亿元，但高校参与的技术合同成交额占比仅为 1.0％；成都技术合同成交额达到 1355 亿元，而高校参与的技术合同成交额占比仅为 4.0％。

三、创新协作能力急需提升

成渝地区的技术输出合同交易已形成一定规模，但人均技术输出合同金额与三大科创中心存在差距。2018 年，成渝地区技术输出合同金额达到 1185.05 亿元（如图 2-11 所示），与广东、上海的技术输出合同金额较为接近，分别达到广东的 86.8％和上海的 96.7％。但成渝地区的技术输出合同金额与北京还有较大差距，仅为北京的 23.9％。在每万人技术输出成交额上，成渝地区与广东接近，与北京和上海则有较大的差距，分别为广东的 86％、北京的 4.5％和上海的 20.4％。这些数据在一定程度上表明成渝地区的创新辐射力不及三大科技创新中心。

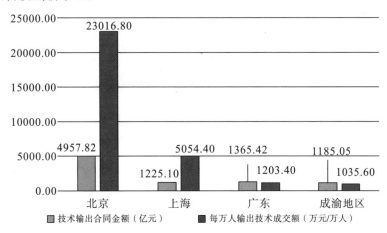

图 2-11　2018 年成渝地区与北京、上海和广东技术输出合同指标对比图

数据来源：EPS 科技统计年鉴

① 何郁冰. 产学研协同创新的理论模式［J］. 科学学研究，2012（2）：165-174.

成渝地区要成为具有全国影响力的科技创新中心，就必须站在科技创新的最前沿，代表西部以及更广大区域参与国际科技竞争与合作，这就要求成渝地区应先是一个创新要素充分流动的区域协同创新极。但由于内部缺少重要节点城市、"中间地带"城市产业支撑力度不足，成渝两地创新协作能力不足，抑制了其创新辐射带动力的进一步提升。成渝城市群出现核心城市"虹吸效应"和中间地带"塌陷"的现象，其原因在于该区域出现了重庆和成都两大中心城市，却缺乏次一级中心城市作为支撑。① 在常住人口上，2018 年成渝地区城镇常住人口超过 100 万人的城市除了成都与重庆，就只有泸州、绵阳、南充、自贡、宜宾和达州。其中，自贡、宜宾和达州还是 2018 年刚进入百万常住人口级别城市。在经济体量上，成渝地区除成都、重庆外，地区生产总值超过 2000 亿元的城市只有德阳、绵阳、宜宾和南充四座城市。四座城市中，绵阳地区生产总值最高，但也只有 2303 亿元，仅为成都的 15%。由于成渝地区除成都和重庆双核外，缺乏"中间地带"，所以中小城市在整个城市群只分担较小部分的中心城市职能，成渝双核进行产业合作、创新交流受地理因素限制较大，甚至在过去较长一段时间存在背向发展问题。② 而且，由于过去经济联系较为薄弱，成渝两地的协作创新机会贫乏，阻碍了创新资源在整个成渝地区的充分流动而难以得到更高效的配置，成都和重庆两地的创新辐射能力由此大打折扣。事实上，从四川省级以上创新平台的分布数据来看，该省大多数市州存在创新平台支撑力弱的问题。成都有省级以上创新平台 260 个，绵阳仅有 26 个，这个数量远低于排广东省第二的佛山市（737 家）。2019 年，成都高新技术产业营业收入占规模以上工业比重指标为 40%，而其他市州该指标平均约为 20%；规模以上工业企业新产品销售收入占营业收入比重方面，绵阳最高，为 29.8%，15 个市州在 10% 以下，低于全国 18.7% 的平均水平。

近些年，随着成渝地区双城经济圈上升为国家战略，成渝背向发展的趋势有所变化。重庆方面，随着重庆科学城的布局在中心城区西部以及行政区划将渝西 12 区融入重庆主城区，重庆向西发展态势逐渐明朗。成都方面，2017 年

---

① 杨晓波，孙继琼. 成渝经济区次级中心双城一体化构建——基于共生理论的视角 [J]. 财经科学，2014（4）：91—99.

② 罗若愚，赵洁. 成渝地区产业结构趋同探析与政策选择 [J]. 地域研究与开发，2013（5）：41—45.

便明确提出"东进"战略，通过推动先进制造业和生产性服务业东移，减轻中心城区人口环境压力，为城市长远发展拓展产业承载空间。成都的城市格局将由"两山夹一城"的逼仄转变为"一山连两翼"的开阔。成渝双核的相向而行，自然是推动成渝城市群一体化发展、发挥首位城市经济辐射作用的决定性举措。但是，如何让成渝两地的相向发展基于两个首位城市自身发展的需要？如何根据区域内各个城市的发展规律和特点发挥比较优势进而实现有效分工？如何共建平台增强成渝两地经济合作、协作创新的频率并保证质量？这些问题成为成渝地区提升创新辐射带动力所面临的挑战。

四、创新平台服务能力有待增强

成渝地区省级以上创新产业平台数量规模不输北京与上海，但与广东存在明显差距，并在服务能力上与三大科技创新中心存在一定差距。2018 年成渝地区共有省级以上科技企业孵化器 212 个，高于北京与上海，但与广东有较大差距，仅为广东的 40.7％。其中，国家级科技企业孵化器为 44 个，略低于北京和上海，与广东仍有较大差距，仅为后者的 22％。成渝地区共有在孵企业 10175 个，略高于北京与上海，与广东（30928 个）仍有较大差距。成渝地区累计毕业企业近 7000 个，仅为北京的 46.7％和广东的 43.2％。成渝地区省级以上众创空间数量远高于北京和上海，分别是北京的 2.5 倍和上海的 2.4 倍。但由于众创空间规模较小、服务能力较弱等问题，成渝地区所提供的工位数仅为北京的 57％。而与广东相比，成渝地区的众创空间则在数量与工位数上均明显落后。（见表 2-8）

表 2-8　2018 年成渝地区与北京、上海和广东创业孵化载体对比图

		北京	上海	广东	成渝地区
孵化器数量（个）	省级以上	152	180	962	212
	国家级	55	47	108	44
在孵企业数（个）	省级以上	9629	8730	30928	10175
	国家级	5211	3446	8539	4045

续表2-8

		北京	上海	广东	成渝地区
累计毕业企业（个）	省级以上	14986	3399	16175	6999
	国家级	5211	3446	8539	3796
众创空间数量（个）	省级以上	147	152	716	371
	国家级	143	69	228	105
提供工位数（万个）	省级以上	14.3	5.1	10.2	8.2
	国家级	14.3	2.4	4.1	3.2

数据来源：科技部火炬中心

五、新兴产业合作有待深化

成渝地区高新技术企业在数量与主营业务收入上均处于全国中游，在总体规模上与三大科技创新中心仍有较大差距。2019年，成渝地区共有高新技术企业8810家，仅为上海的68.5％、北京的32.1％和广东的17.3％。2018年，成渝地区高新技术企业主营业务收入分别是上海的65.4％，北京的54.1％和广东的23.4％（如图2-12所示）。

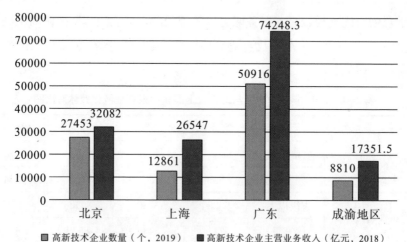

图2-12　成渝地区与北京、上海和广东高新技术企业对比

数据来源：EPS科技统计年鉴

成渝地区高新技术企业创新投入与三大科技创新中心差距较大。2018年，成渝地区高新技术企业R&D经费支出为435.2亿元，仅为上海的72%、北京的46.3%和广东的16%；R&D投入强度为2.5%，略高于上海（2.3%），但与北京（2.9%）和广东（3.7%）有较大差距；高新技术企业R&D人员为19.7万人，与上海（20.4万人）接近，远低于北京（26.4万人）和广东（107.3万人），见表2-9。

表2-9　2018年成渝地区与北京、上海和广东高新技术企业创新投入对比

	北京	上海	广东	成渝地区
R&D经费支出（亿元）	939.8	604.7	2717.5	435.2
R&D投入强度（%）	2.9	2.3	3.7	2.5
R&D人员（万人）	26.4	20.4	107.3	19.7

数据来源：各地统计年鉴

束缚成渝地区新兴产业规模壮大的一个重要因素在于，成都和重庆两地高新技术产业缺少高水平的合作。协同创新的过程是不同创新主体之间共享资源、知识的过程，其目的在于协同以促进新兴产业突出和共创多赢，而信息交流不畅则阻碍了成渝地区新兴产业之间的协同创新。[①] 当前，成渝两地高新技术产业还存在较为明显的产业链短链和断链现象。以汽车产业链为例，重庆是重要的汽车工业制造基地，具有汽车整车和零部件配套产业体系完整的优势，正努力开拓新能源汽车和智能汽车市场；而成都的电子信息产业发展迅速，电子信息产业已形成万亿规模，正培育壮大"芯屏端软智网"全产业链。但是，重庆与成都两地缺乏高水平、深层次的合作互补，产业布局雷同、低水平竞争现象突出，未能实现两个创新产业高地的优势互补，极大限制了整个产业链条竞争力的提升。此外，成渝地区高新技术产业仍处于全球产业链和价值链的中低端层面，缺乏研发设计和生产关键零部件等价值链高端环节。例如，重庆的汽车产业存在档次低、附加值不高的问题，当地自主品牌除长安汽车研发能力较强外，其他自主品牌存在人才储备不足、研发投入相对较低、数据资源积累

---

① 刘嘉宁. 成渝经济区新兴产业科技创新绩效理论及实证研究 [J]. 软科学，2013（9）：24－27.

少等问题,甚至大部分汽车企业的车型开发主要依靠委外设计,企业自主创新能力薄弱。而四川省的电子信息产业也处于价值链中低端层面,多数企业处于组装、零部件生产的中低端环节,整个行业规模效应不强,受价格波动影响较大。2019 年,四川省电子信息产业就因受价格波动影响而出现利润大幅下滑、产值负增长的现象。

第三章

国内外科技创新中心的建设经验及启示

随着社会经济的快速发展和互联网技术、信息技术的日益普及，人才、资金、信息、技术等科技创新的重要因素在区域内、区域间进行大规模流动，并形成了复杂多变的创新网络。在科技创新要素的流动过程中，部分区域具有良好的地理位置、发达的产业基础、较好的创新环境，能够吸引更多、更优质的创新资源，使得创新资源的集聚和创新活动在地理空间上的分布具有明显的非均衡性，部分区域形成了区域乃至全球重要的科技创新中心。建设具有全国影响力的科技创新中心是成渝地区双城经济圈创新发展的重要任务。国际科技创新中心已经逐步由意大利、英国、法国、德国向美国转移，美国硅谷、日本东京、英国伦敦以及我国的北京、上海、广东等在建设科技创新中心方面具有良好的经验，可以为成渝地区双城经济圈共建具有全国影响力的科技创新中心提供重要经验借鉴和相关启示。

第一节　全球科技创新中心的演进历程

人类社会的发展伴随着新型生产手段的出现，从刀耕火种的简单劳动到自动化生产的极富创造性的劳动，新的生产手段不断改变人们的生活方式和生产方式，引起价值观念和社会意识的变化，促使人类在适应自然和改造自然中实现一次又一次的飞跃。人类开拓文明的脚步从未停止，各地区间发展不平衡的现象也普遍存在，因此，随着部分地区思想的解放或科技的率先发展，很有可能逐渐推动该地区成为科技创新中心，进而辐射其他地区。从全球角度看，16世纪到20世纪，科学与技术不断进步，促使全球先后发生了五次科技革命，不仅影响了科技内部体系，加速了全球的工业化和现代化进程，还引起了四次国际科技创新中心的转移，影响着科技力量的全球布局。当然，并不能说科技创新中心的形成仅是科技革命作用的结果，还存在着经济、政治、思想文化的综合影响。

斯塔夫里阿诺斯曾说过，科学与技术可以追溯到很远的东方和西方文明。

科学首先在西方实现了自己的独立，像经济、政治一样属于社会的重要组成部分。并且科学与技术有所区分，不属于同一范畴，有不同的发展方向[①]。许多科技史学家将 20 世纪以前科学技术的发展划分为不同的阶段，将世界上先后发生的 5 次科技革命分为 2 次科学革命和 3 次技术革命（如图 3−1 所示），在这些不同的科技发展背景下，世界科学活动中心发生了 4 次转移，科技创新中心的分布情况也有所变化[②]。而在东方，科学更像是农业或者政治的伴生品，没有自己的体系，这也可能是国际科技创新中心主要出现在西方的原因之一。

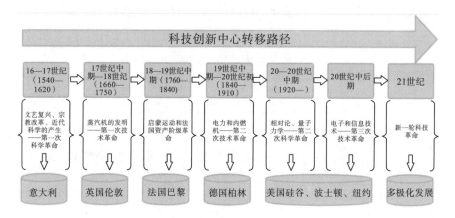

图 3−1　科技创新中心转移路径

一、国际科技创新中心的出现——意大利

从世界历史角度看，现代历史的进程也就是我们所说的现代化进程，得益于 16—17 世纪时期文艺复兴和宗教改革提供了新的社会环境。越来越多的知识分子活跃起来，凭借对科学和技术的信赖，初步建立了以牛顿力学为核心的近代科学体系，将传统社会与现代化社会分离开来，揭开了第一次科学革命的序幕，推动了近代科学的发展，为欧洲提供了文化和政治的新生，也提供了优越的经济和科技力量，推动了世界级科技创新中心的产生。

众多历史学家认为，文艺复兴时期是中世纪向现代文明转型的过渡期，文艺复兴最先是在文学和艺术方面的新生，加速了封建主义的衰落，催生了资产

[①]　叶青. 科技革命与科学活动中心的转移 [C]. 科学与现代化，2011（2）.
[②]　赵红州. 科学能力学引论 [M]. 北京：科学出版社，1984：192−193.

阶级共和政权，引起意大利政治、经济和文化领域的整体变革，然后逐渐影响了其他领域。对科技的影响除了商品经济的发展、思想解放与政治稳定，还体现在人才和资本方面，这些因素为近代科学的发展和科技创新中心的诞生产生了重要作用①。一方面，在现实主义和人文主义的催动下，欧洲出现了一大批具有探索精神的勇士和坚持客观主义的哲学家，如威廉·哈维、哥白尼、伽利略和达·芬奇等。他们重视思想、追求知识并坚持奋斗，促进了这一时期内匠人与学者的紧密合作，实现了实践与潜在原理的结合，为生物学、天文学、地理学、文学等方面的繁荣做出了巨大贡献，知识与文化的大爆炸为科技的发展打造了温床。另一方面，意大利地处西欧和拜占庭及伊斯兰帝国之间，凭借独特的地理位置优势成为联通东西方的中介人，从银行业、手工业和运输业中获取了大量的垄断利润，资本的聚集为欧洲文明的开拓和向全世界的殖民发展奠定了基础，也为欧洲近代科学技术的创新发展提供了物质条件②。因此，经过文化洗礼的意大利，知识与思想的碰撞塑造了一批批敢想敢做的青年；经济的扩张聚集了进一步探索的财富；国家的建设为其创造了稳定发展的环境；从思想、人才、资本和政治上为国际科技创新中心的建立打下了扎实的基础，由此催生了繁荣的意大利，催生了现代文明进程中第一个科技创新中心。

国际科技创新中心成就了意大利，也发挥着它应有的作用，即辐射其他区域，带动其他地区科技的发展。从经济角度看，16世纪后期，英国、法国和荷兰迅速崛起，一度超过意大利，但驱动其经济繁荣背后的科技力量仍得益于意大利的铺垫。希腊学者贝萨里翁十分推崇意大利的科学技术，他曾谈道："在意大利，任何人都可以学到炼铁知识，这种知识对于人类极为有用且必不可少。"并且他认为中世纪意大利先进的制造水平值得其他国家派遣学生去学习。斯塔夫里阿诺斯在全球通史中也提到过欧洲的海外扩张得益于造船技术、航海设备和海军装备方面的进步，而这些技术进步的重要贡献来自地中海区域。指南针、罗盘与航海术的结合，炮火技术与海军战术的融合促使西欧在科技领域有了很大的变化。可见，意大利积累的科技知识对人类的发展必不可少，对其他地区科技的发展具有较强的引领作用。因此，即使欧洲的文艺复兴

---

① 安璐. 全球科技创新中心：内涵、要素与发展方向 [J]. 人民论坛·学术前沿，2020 (6)：6—15.

② 熊鸿儒. 全球科技创新中心的形成与发展 [J]. 学习与探索，2015 (9)：112—116.

不是为了真正以传播科学为导向，也许是为了将石头变成黄金，但在这个思想勃发、资本牟利的时代，科学逐渐驱逐神学的阴影，近代科学萌芽，人类用科技征服了大海，也用科技描绘着世界。

新生的资产阶级共和政权力量单薄，仅存在于少数几个先进城市，没有在政治上占据完全主动权，在全国范围内没有真正实现政治上的统一，国内阶级斗争不利于科技的进一步发展。同时，在封建势力和教会的残酷镇压下，新生的思想文化，如哥白尼、伽利略等人的科学理论受到打压，不利于科学思想和理论的传播。之后，随着英国、法国和荷兰的崛起，意大利的经济逐渐衰弱，外患频繁。因此，意大利在政治分裂、思想镇压和内忧外患中，科技创新实力逐渐衰落，不再是国际科技创新中心。

二、国际科技创新中心的第一次转移——英国

18世纪中后期，随着理论研究的深入和实践的进步，工业技术得以革新，激发了真正意义上的第一次技术革命。第一次科学革命的到来为科技的发展提供了丰富的科学土壤，科学与技术的结合促使工业革命轰轰烈烈地开展起来，新的动力、新的速度和新的看法使欧洲在科技上成为霸主。面对技术革命和工业革命的机遇，国际科技创新中心的分布格局得到了调整。在这一时期，欧洲一些大国逐渐衰弱，意大利、西班牙内外交困，荷兰东印度公司逐渐衰落，德国封建势力顽固，而英国发生了工业革命和资产阶级革命，为英国的崛起奠定了经济和政治基础。英国资产阶级蓬勃发展，资本家用更长远的眼光看待资本积累，试图通过提升科技来获得最大化利润，于是开始赞助科学，催生了跨时代的杰作——蒸汽机，它揭开了工业革命和第一次技术革命的序幕。工业革命后，英国不仅在经济和殖民地方面成为世界霸主，其工业上的创造性也位列前茅，在动力、纺织、冶金、航海等技术方面成为科技创新的先驱者。蒸汽机的创造推进了机械化的进程，动力织布机提升了制造业的速度，熔铁炉的创新提升了冶金业的效率，英国生产的锚、制材和航海仪器不断开拓和占据新的市场。在科技的引领下，18世纪初到18世纪中期，英国的进出口增长了五至六倍，为进一步的科技发展积攒了资本，英国逐渐取代意大利而成为新的国际科技创新中心。

支撑英国成为科技创新中心的力量众多，首先是政治上的支持。1688年

光荣革命的胜利和《权利法案》的颁布使闹腾了半个世纪的英国平静下来，打造了一个贯彻自由主义的环境来追求精神和物质的进步。在这个追求人权、追求财产和人身安全的国家，更多的学者和艺术家能不受干扰地畅谈自己的想法，将思维与实践相结合，推进了英国工业文明的进步。其次是经济上的助力。英国在疯狂扩张领土时也开辟了更多的海外市场，从海外攫取的利润源源不断地流进英国，经济的迅速增长为科技的革新创造了条件。同时，贸易范围的扩大促使工人的工作场所从家庭转移到工厂和车间，劳动效率进一步提升，而资本家渐渐发现通过直接剥削工人的方式不能更好地实现利润最大化，通过技术革新才会有更多的利润空间。因此，聪明的英国资本家渐渐通过技术革新和成立公司的方式渗透世界市场，通过领先的技术和跨国公司成为世界的霸主。最后是鼓励科技发展的氛围。封建制度与神学的紧密联系注定了资产阶级政权与封建势力的对立就是新思想与宗教神学的对立，要推翻封建制度，不仅需要利用科学技术的发展来奠定经济基础，还需要用科学理论来破除神学的笼罩，因此英国重视科学技术研究的气氛就越来越浓厚。

蒸汽机点燃了第一次技术革命的火种，开启了工业革命的进程，揭开了农业文明向工业文明进步的序幕，促使工业革命的领先者英国自然而然地从意大利的手中接过了国际科技创新中心的大旗，并随着英国海外殖民活动的兴盛，不仅推进了英国的工业化和现代化进程，也推进了工业革命期间世界文明的爆发式增长，对欧洲和世界都产生了广泛而深远的影响。

三、国际科技创新中心的第二次转移——法国

阿基米德说过：机械力量可用于理性和自由。因此欧洲用工业革命和科技革命撬动了整个世界，实现了经济革命与自由。经济上的需求是科技发展的基本动力，但政治上的作用也不容忽视，欧洲对世界的支配不仅仅在于经济的强大，也受到政治力量的巨大影响。欧洲政治革命像工业革命一样，是欧洲历史上浓墨重彩的一笔，也是科技发展的重要因素。随着工业革命的开展，生产水平和医疗水平不断提升，人口增长速度加快，同时更多的劳动力和机械设备聚集于工厂，推进了城市化水平和工业化水平，在繁忙都市生活着的工人逐渐有了自己的阶级觉悟，在一系列的试探中形成了自己的意识和找到了自己的目标。在这一系列试探中，最为杰出的代表就是法国的启蒙运动和法国革命，这

也是将法国推上科技创新中心宝座的重要因素。

首先是思想的进步。启蒙运动提出了经济自由、政治平等和法制建设等主张，勾勒了资本主义精神和资本主义社会的基本轮廓。经历启蒙运动后的法国，"自由放任""社会契约"等口号盛行，摆脱了传统的束缚，打造了自由创作和创新的环境。然后是英国宗教改革和资产阶级革命的延伸——法国大革命。资产阶级大革命后，法国下层民众攻占了压迫他们的"巴士底狱"，自由、平底、博爱的口号响彻整个欧洲乃至世界，人民群众登上历史舞台，新的阶级和新的思想意识赋予法国无与伦比的内聚力和创造力，不仅推动了法国的政治革命进程，也推进了法国经济革命和科技革命的进程。最后是近代科学的全面发展以及一大批极富创新想法的人才在各个领域大放光彩。如现代化学之父拉瓦锡、物理学家库仑和安培、欧洲最伟大的数学家拉格朗日、天体力学的集大成者拉普拉斯、空想社会主义者傅立叶等，促使法国迸发出惊人的科技创新力量。

启蒙运动的核心内容是提出人权，否定王权、神权和特权，为全世界范围内遭受封建思想压迫的人们提供了思想武器，使其冲破传统思想的牢笼，迸发出无限的创新热情，从而推动了政治、经济和文化的发展。越来越多的人发现科技创新在资本主义制度的确立和腾飞中发挥着重要力量，国家对科技发展的重视程度得以提升。

四、国际科技创新中心第三次转移——德国

随着 19 世纪中期资本主义在世界范围的确立，海外市场的开拓与国际经济竞争加剧，蒸汽为主的动力设备已经不能再满足远距离的商业扩张和大规模化的机械生产，迫切需要新的技术来加速资本积累。一个国家的崛起离不开文化底蕴的滋养，一个较为落后的国家要想实现发展就离不开历史契机。在这个资本主义蓬勃发展、海外殖民开拓竞争激烈的时代，德国抓住新一轮科技创新的契机，一跃成为佼佼者。

德国从法国手中接过科技创新中心的旗帜，首先凭借的是哲学精神的集大成者——德国古典哲学的发展。它代表了德国民族精神和启蒙时代精神的精华，其所具有的批判性、革命性、创新性和发展性是德国资产阶级反抗封建主义和宗教统治的思想武器，也是自然科学和人文科学的思想源泉，其民族主义

和创新精神具有超越时空的理论价值。其次凭借的是社会改革带来的政治稳定，国力昌盛。19 世纪中后期，德国在击败奥地利和法国后，建立了德意志帝国，为资本主义的迅速发展创造了条件，完成了英国一百年积累才实现的资本主义工业化。之后德意志帝国在"铁血宰相"俾斯麦的带领下实施了社会改革，通过强有力的国家政权和立法直接干预经济发展和资源分配，顺应了当时德国工业化进程，为经济社会发展提供了新的思路，也为后续国家的创新发展提供了经验。最后是科学理论方面的探索。电力及内燃机的使用引发了新一轮的技术革命，也为德国科技胜于欧洲提供了条件。加上对教育的重视和科研的尊重，德国逐渐凭借杰出的科技创新成果而成为新的科技创新中心。从拿破仑战争后，德国科技开始蓬勃发展，继麦克斯韦提出电磁波理论后，赫兹用试验证明了电磁波的存在。之后电子工程研究更是飞跃式发展，欧姆在电阻上的重大发现、爱因斯坦四项卓越贡献、海森堡开创的量子力学等新的发明创造开启了物理学科的新纪元，也开启了德国科技蓬勃发展的新征程。

1871 年，德国实现统一后，极力主张加强教育，在教育上采取了一系列改革措施，并将教育纳入服务帝国利益的发展轨道，为科技创新的发展奠定了基础，开创了国家扶持或主导科技发展的先河。由于高度重视对人才的培育以及对科研的谨慎态度，德国民众的科技创新热情高涨，极大地促进了科技的进步，使德国成为当时遐迩闻名的国际科技创新中心。同时其他国家也意识到国家力量和教育质量在科技发展中的重要作用，各国逐渐开始重视科技与教育的发展。

五、国际科技创新中心第四次转移——美国

20 世纪中后期，资本主义国家竞争激烈，国家垄断资本主义诞生并迅速发展，在经济与政治发展都较强的情况下，科技成为各国占领优势的重要手段，加上战争的驱动，资本主义各国致力于科技研发与成果转化，在军事上体现为研究尖端技术和新兴技术，发展新型武器设备；在经济上体现为利用新技术获取更多垄断利润。科技水平越来越成为国家实力的重要标志。

叶青认为科技创新中心第四次转移至美国，主要源于第二次科学革命和第三次技术革命的影响。19 世纪末 20 世纪初，以相对论、量子论和量子力学、X-射线、放射线和电子等发现为代表，第二次科学革命开展得轰轰烈烈，在

物理学、化学、生物学等领域取得重大理论突破，为后续科技的发展提供了可靠的理论支撑。在 20 世纪中后期，受到第二次科学革命的广泛影响，以美国为中心发生了第三次技术革命。技术的发展逐渐往电子和信息技术方向探索，其研究领域覆盖原子能技术、计算机技术、空间技术、信息网络技术等方面，不仅建立了包括电子技术、计算机技术和原子能技术等在内的高技术体系，还诱导产生了国家技术创新体系、国家创新体系和国家知识创新系统。美国国家垄断资本主义的强盛使其拥有了干预科技发展的实力，不仅直接或间接开展科学与技术研究，还通过政策和教育等手段支持和引导科技创新发展，为科技创新提供了优良的土壤，为爱迪生、特斯拉、莱特兄弟等伟大的发明家创造了稳定的创新环境。此外，众多躲避战乱的科学家移民美国，如爱因斯坦、费米等，大批科学家的聚集使美国在第二次世界大战后占据了半数诺贝尔奖，极大地提升了美国的科技创新水平，使其成为世界科技创新的中心。

美国在这期间取得了丰硕的研究成果，不仅极大地改变了战争的进程和局面，也极大地改变了人们对科技发展的看法，明确了科学技术对国家安全与福利的重要性。同时，美国政府扶持科技发展的经验也得到广泛认可，美国联邦政府资助海军研究办公室、原子能委员会、国立卫生研究院等主要的科学研究机构，促使其不断扩张，逐渐形成了美国多元科技体制，延续了科学发展的良好势头，为其他国家科技发展提供了经验借鉴。

第二节　科技创新中心建设的国际经验

21 世纪是个伟大的时代，是世界处于百年未有之大变局时代，不仅全球政治和经济格局发生了重大变化，科学与技术也处于前有未有的变革中。一方面，在新一轮科技革命的影响下，新材料、量子科技和人工智能逐渐普及，世界逐渐从信息时代走向智能时代，生产力得到空前提升，科技成为推动国家发展的重要力量，创新成为促进民族进步的灵魂，创新驱动战略和建设创新型国家成为全球的共识。众多后发国家抓住新一轮科技革命的机遇，根据自身的发展特征和优势，着力打造科技创新前沿阵地，推动全球科技创新实力的均衡发展。如日本、韩国和新加坡等借新一轮科技革命的东风，因地制宜地制定了增强自身科技实力和创新实力的发展战略，探索了符合自身条件的科技创新道路，经过多年的累积，成功打造了自身最具创新活力的科技创新园区，逐渐缩小了与西方著名科技创新中心如硅谷、波兹曼等地的创新实力差距，为国际科技创新中心的多极化分布奠定了坚实的基础。因此，随着亚洲科技创新异军突起，科技革命的轴心力量开始从西方向东方转移，国际科技创新呈现多极化发展趋势。

另一方面，随着国际分工和国际格局的日新月异，产业变革和产业结构的重新调整为科技创新多元化发展提供了条件。在全球产业结构的重新布局和国际分工体系的逐渐完善过程中，全球创新链、价值链、产业链和供应链发生改变，推动了创新资源和要素在变革过程中自发流向更有价值的区域，创新模式得以重新塑造，创新范式从精益式创新逐步演变为分布式创新，即从技术网络群追求精益求精走向构建大科学高技术体系，通过资源整合使创新活动更具针对性。因此，国际科技创新中心也随着不同产业的集聚和特色创新活动的开展有了新的发展方向，不同区域专注打造自身的产业优势和科技优势，推动科技创新中心从单一中心向多中心转移。如今，美国的硅谷和波兹曼，日本的东京湾，英国的伦敦等均已建成享誉全球的科技创新中心。对于成渝地区双城经济圈而言，需学习与借鉴这些国际科技创新中心的经验，结合自身实际，扬长避短，努力追赶，以便早日建成具有全国影响力的科技创新中心。

一、美国硅谷的主要经验

硅谷位于美国加州北部旧金山湾以南，因最初设计和开发的硅芯片闻名世界而得名，是 20 世纪以来全球最大的科技创新中心之一。随着科技创新水平的提高和创新领域的拓展，其他新型技术产业也迅速蓬勃发展，形成了世界最有名的信息产业聚集地。在硅谷，聚集着全球的科技人才达 100 万人以上，仅仅诺贝尔奖获得者就有 30 多人。同时硅谷还是全美人均 GDP 最高的地区，诞生了无数科技富翁。硅谷之所以成为全球科技创新中心，主要有以下几条经验。

（一）创新氛围强，创新热情高

学术创业氛围的培养是硅谷的一大特色，硅谷地区的高校不仅通过鼓励高校毕业生自主创业以及邀请成功的创新创始人回校进行演讲等形式为在校学生提供创业和创新的动力，还建立校内创业教育组织，以及设立独特的校友导师制项目为在校学生提供参与创业与创新的机会，形成了浓厚的学术创业和创新氛围①。此外，硅谷"开放式"创新模式使得全区内聚集大批有竞争力的创新公司，如苹果、朗讯、英特尔、思科、惠普、英伟达等公司都发源于此。它的开放不仅体现在企业内部 CEO、机构投资者等主体与企业治理之间的特殊设置，还体现在企业与企业之间的和谐互动，即作为消费者和并购发起人的领先企业或大型企业，通过为初创企业创造市场、提供人力支持和科技资源的方式，帮助初创公司的创意得以实现，促进了园区内企业的良性共生互动。因此，硅谷一方面通过培育企业家精神和鼓励人才创新创业来刺激科技创新活动；另一方面又通过并购和 IPO 活动来实现创新活动的价值，极大地激发了园区内的创新热情。

（二）创新资金充裕

硅谷逐渐发展起来的风险投资市场和银行大大提升了高科技企业的直接或间接融资效率。硅谷逐渐形成的全球最大、最成熟和最具竞争力的风险资本市场是美国高科技企业发展的重要支撑。2017 年园区内的风险投资占加州风险投资总额的 78.3%，占美国全境的 38.9%，为美国科技实现领先发展做出了重要贡献。硅谷金融机构和金融体系是硅谷科技发展的重要力量。硅谷的银行模式不同于传统商业银行，它提供了适合科技型企业的金融产品与服务，并与风险投资紧密结合，专注于扶持高科技中小企业的成长壮大。当然，科技服务平台的建立也是缓解科技型企业资金问题的重要力量②。美国政府和民间合作构建的区域科技联盟平台，如加利福尼亚区域科技联盟（RTAs），在为科技型企业筹集资金、鼓励科研、成果转化以及区域产业集群创新发展方面发挥着重要的服务职能。

---

① 郭丽娟，刘佳. 美国产业集群创新生态系统运行机制及其启示——以硅谷为例 [J]. 科技管理研究，2020 (19)：36—41.
② 眭纪刚. 全球科技创新中心建设经验对我国的启示 [J]. 人民论坛·学术前沿，2020 (6)：16—22.

（三）创新人才集聚

硅谷有着全球顶尖高校，如著名的斯坦福大学和加利福尼亚大学，培育了众多科学家和应用研究人才，为推动硅谷的持续性创新提供了大量人力资源。硅谷所聚集的顶尖大学及科研机构，高效推进产学研合作实现了科技成果的研发与转化。在硅谷内，众多大学与高科技行业之间建立了双向交流机制，通过大学教师进驻企业实验室、行业从业者在大学进修等形式推动理论研究及科研成果的转化。同时，这些具有雄厚科研力量的研究型大学和企业、政府在专利发明与授权、合作研究与交流、咨询与服务等领域开展合作，实现了政产学研的和谐共生发展，提高了硅谷园区的创新效率和创新质量。

（四）产学研紧密结合

高校把培养的研究型人才输送到硅谷的企业，提高了科技成果的转化与市场应用。硅谷的大学与企业有种类似"共生"的相互依存关系。科技成果转化只是其中的一部分，硅谷的企业与大学还建立了人才合作培养、委托研究、合作研究、数据共享、企业咨询、设备租赁等多主体、多形式的协作机制。同时硅谷还形成了以高校、政府、企业和各类投资公司、风险资本为主导的成熟的创新资源网络。各方主体实现了信息、人才、资本和技术的有效共享，促进了相互之间的交流合作。

二、日本东京湾区的主要经验

日本东京湾地处日本本州岛南部海湾，由"一都三县"即东京都、神奈川县、千叶县和埼玉县组成。湾内有东京港、千叶港、川崎港、横滨港、木更津港、横须贺港六个重要港口，各港口在政府统一调度下形成了独立经营、分工明确、合作共赢的共同体，是日本海陆交通的集散中心，交通十分通达，对外开放程度较高，是日本最大的工业区。东京湾坐拥京滨、京叶两大工业地带，包含钢铁、炼油、石油化工和造船等工业产业。凭借强大的工业基础，东京湾逐渐成为国家和地区发展的核心①。自 20 世纪 90 年代，日本政府为推动科技创新发展，在东京湾内实施了区域研发中心扶持计划（RSP）、产业集群计划和知识集群计划等，结合法律法规，构建了东京湾区区域创新体系，通过搭建更完善的服务平台、聚集更高素质的人才和更强大的资本来推进区域科研成果产业化和知识经济的发展，形成了各具特色的区域创新集群。目前，东京湾区已形成了金融业、精密仪器设备、游戏动漫业、高新技术开发等巨型产业集群，提升了东京湾的区域创新效率。

日本东京是 21 世纪全球科技创新中心之一，其发展有自己独有的特征，形成了独特的东京模式，即由国家主导构建的点对点式的区域创新合作模式，通过"工业集群＋研发基地＋政府立法"的区域创新模式，形成相对完善的"政产学研"体系，推动区域内科学技术的发展及科研成果的产业化②。

（一）贯彻国家创新战略

一方面，通过国家规划使各湾区根据自己的优势进行发展，并将各港口打造为一个职能分工明确、优劣互补的有机整体，由国家统一管理，有效解决港口竞争问题；另一方面，按区域统一协调产业结构，根据区域特点合理控制产业结构与分布。东京从 20 世纪 60 年代就开始实施"工业分散"战略，东京湾区各城市根据专业分工、扬长避短、错位发展的规划目标，高科技、高成长型企业向东京都聚集，中心区内大力发展第三产业，第二产业向神奈川县、千叶县、埼玉县等转移，逐渐形成了以东京都为核心、埼玉县为副中心的主中心区—次中心区—郊区—边远县镇的多中心、圈层式的地理空间结构③。产业差异化和集群化发展，实现整体布局的优化调整，为佳能、尼康、松下等高科技制造企业聚集东京湾，引领日本的科技进步与科技创新奠定了良好的基础。

---

① 刘毅，王云，李宏. 世界级湾区产业发展对粤港澳大湾区建设的启示 [J]. 中国科学院院刊，2020（3）：312—321.

② 沈子奕，郝睿，周墨. 粤港澳大湾区与旧金山及东京湾区发展特征的比较研究 [J]. 国际经济合作，2019（2）：32—42.

③ 王力. 世界一流湾区的发展经验：对推动我国大湾区建设的启示与借鉴 [J]. 银行家，2019（6）：90—94.

（二）培育"政产学研"一体化的创新体系

东京湾区通过政产学研协同合作，大力培育科技型企业和研发机构来实现科技文明的进步①。一方面，培育国内和跨国科技型企业。日本从明治维新时期就重视科技的发展，依托工业基础和科技引领政策逐渐将东京改造成现代化的创新型园区，吸引了通信技术、软件开发、设计、生物医疗、新型机械制造等知识型和技术密集型企业，如丰田、佳能、三菱电机、索尼、NEC、东芝、三菱重工等极具科创能力的高科技企业，其内部研发是推进东京可持续创新能力的重要力量。另一方面，重视科研机构的培育。东京聚集着日本约30%的高等教育机构及50%以上的国家科研机构。截至2018年，日本780所大学中东京湾区占225所，比率高达29%。湾区研究机构占全国的40%，研发人员占全国的60%，人才培育体系和科技创新体系尤为发达。并且东京的高等院校通过考核指标的优化创造了良好、宽松的创新环境，激发了教师和科研人员着眼于国际前沿的科学研究的创新积极性，从而源源不断地丰富科研成果和拓展理论框架。凭借高科技产业的发展、企业自己设立的企业研究院和庆应大学、武藏工业大学、横滨国立大学等知名研究型大学的多方资源整合，东京湾区有效发挥了资源、人才、资金、技术等方面的作用，形成了良性的科技圈生态环境，促使湾区政产学研协同能力不断增强，极大地推动了其创新能力的提升。

（三）加大对高新技术企业的政策扶持

政府通过立法和制定规划的形式扶持高新技术产业是日本东京模式的一大特色②。首先，东京湾区开发建设方面的法律法规。1956年以来，日本政府颁布了《首都圈整备法》《首都圈市街地开发区域整备法》《首都圈建成区限制工业等的相关法律》《首都圈近郊绿地保护法》《多极分散型国土形成促进法》等法律法规，为东京湾区的规划提供了法律保障。其次，通过《东京规划

---

① 杨爱平，林振群. 世界三大湾区建设"湾区智库"的经验及启示［J］. 特区实践与理论，2020（4）：89-98.

② 周淦澜. 粤港澳大湾区科技创新能力研究——国际大湾区比较的视角［J］. 科学技术创新，2019（34）：174-175.

1960——东京结构改革的方案》《2020 年的东京——跨越大震灾，引导日本的再生》《创造未来——东京都长期愿景》《港湾法》《东京湾港湾计划的基本构想》等规划提供了产业政策支持，促进了东京湾区产业的合理布局①。最后，为推进科技创新发展，日本除在科技研发补助、科技创新成果转化和知识产权保护等方面出台法律法规外，还将科技发展纳入国家规划。早在 2016 年，日本安倍政府就通过了第五个国家科技振兴综合计划《第五期科学技术基本计划 (2016—2020)》，试图探索建立完善的战略支撑体系和具体实施计划，实现科技惠民。东京的国际枢纽地位以及合理的政府引导提升了日本创新集群化发展水平，科技"引进来"与"走出去"相互补充，在顺应市场需要的情况下积极创新，逐渐使日本成为连接全球科技创新与本土科技创新的纽带，极大地推进了社会创新资源的协同发展。

三、英国伦敦的主要经验

英国伦敦不仅是科技创新中心，还是世界金融、艺术和文化中心。这样一个多元化国际中心的建成，除了自身的优越基础，还离不开发达的科技产业和服务业的支持，也离不开国家创新的政策支持和制度保障②。尤其在科技产业政策与金融业的推动下，英国伦敦逐渐形成了独特的发展模式，即在多级政府的扶持下，通过科技与金融互补发展形成了多元化创新中心。主要经验如下：

（一）优化升级城市优势产业

英国曾是一个国际化科技创新中心，有着自己的积淀和传奇色彩。虽在各国竞争中逐渐暗淡，但作为欧洲独角兽企业的发源地，英国在多年的发展过程中形成了较为雄厚的产业基础。同时，雄厚的教育和科研实力、自由开放的内外部发展环境促使伦敦吸引了众多科研人才和跨国企业，这是伦敦建成科技城的基础③。加之相对便宜的租金、丰富的人才资源、扎实的产业基础以及庞大

① 谢志海. 日本首都圈和东京湾区的发展历程与动因及其启示 [J]. 上海城市管理，2020 (4)：14-20.

② 李炳超，袁永，王子丹. 欧美和亚洲创新型城市发展及对我国的启示：全球创新城市 100 强分析 [J]. 科技进步与对策，2019 (15)：43-48.

③ 杜德斌. 全球科技创新中心：世界趋势与中国的实践 [J]. 科学，2018 (6)：15-18.

的金融体系，众多初创型企业随之而来，自发聚集于此，尤其是信息通信技术行业的云集，促进了伦敦科技数字经济产业的蓬勃发展，使这个坐落于伦敦东部的老旧街区发展为"迷你硅谷"。

（二）多级政府联合共治

为营造良好的科技创新生态，在建设具有全球影响力的科技创新中心过程中，伦敦构建了"国家—城市—地方"的多级政府联合共治的科技创新行政管理体系，为科技创新与金融体系的互补发展提供了合理的政策支持和制度保障。首先是国家通过财政政策、税收优惠等宏观调控方式刺激科技创新。在2008年金融危机后，为解决就业和经济发展问题，英国政府成立各种科技城投资组织来解决科技型企业的融资问题以及推动伦敦科技企业的互动交流，试图通过企业合作来实现科技创新，进而实现伦敦经济复苏。例如伦敦 Google 园区的建立是由 Google 伦敦公司发起的项目组织之一，旨在为伦敦高科技新兴公司提供办公空间和日常交流场地，吸引众多顶尖技术人才、专业员工和企业家来这里演讲或交流，为科技城的发展注入了源源不断的生命力。之后，政府又推出支持"迷你硅谷"发展计划，在人才、资本和监管等方面为打造全球金融科技首都提供全方面的服务保障，促使各类企业和产业在此云集，为伦敦科技城提供了发展的动力源，为城市经济的更新带来新活力。其次是城市方面的协调。伦敦各城区根据国家发布的科技扶持政策制定了相应的配套方案，通过中观治理和体制保障为初创科技型企业提供优良的环境，共同推进科技创新。最后是地方的补充治理。科技创新中心的实现是通过打造金融科技城来聚集科技产业，当然也需要科技城的科学自治。为实现伦敦科技与金融的互补发展和自我治理，伦敦科技城下设了金融控制管理局，专门负责维护金融科技环境，支持科技创新中心的建设。自 2011 年启动以来，在国家和科技城的扶持下，已有超 1600 家科技型公司入住伦敦科技城，为推动伦敦产业结构优化、经济转型奠定了基础。

第三节　科技创新中心建设的国内经验

近些年，我国把推动科技创新中心建设作为推进创新驱动发展战略的重大战略部署，通过发挥中心城市的集聚和辐射效应，促进创新资源的优化配置，提升区域乃至国家的创新力和竞争力，引领经济高质量发展。

2016—2019 年，国家相继批准建设上海、北京和粤港澳大湾区三大科技创新中心。其中，北京被定位为全国科技创新中心，打造"京津冀"创新发展战略高地，承担强化原始创新、加快构建高精尖经济结构、发挥辐射引领作用、形成全国高端引领产业研发聚集区等任务；上海被定位为全球有影响力的科技创新中心，带动长三角区域和长江经济带的创新发展，主要任务是推进全面创新改革试验、形成一批可复制可推广的创新改革经验、打造高度集聚的重大科技基础设施群；粤港澳大湾区则被定位为国际科技创新中心，打造"一带一路"建设重要支撑区，发挥"一个国家、两种制度、三个关区"的独特优势，聚焦国际创新资源，支持重大科技基础设施、研发机构及创新平台的建设。可见，三地禀赋资源各异，定位及承担任务各不相同。而不可否认的是，三大科技创新中心在深化科技体制改革、加强创新合作、聚集创新资源、提升创新绩效方面都积累了非常宝贵的经验，值得成渝地区双城经济圈借鉴。

一、北京建设科技创新中心的主要经验

2016 年 9 月，国务院印发《北京加强全国科技创新中心建设总体方案》，提出 2017 年、2020 年和 2030 年"三步走"目标，最终将北京科技创新中心建设为"全球创新网络的重要力量""成为引领世界创新的新引擎"。北京建设科技创新中心的主要经验有以下几点。

（一）深化科技体制机制改革

2019 年 10 月，为建设具有全球影响力的科技创新中心，北京市政府印发实施《关于新时代深化科技体制改革 加快推进全国科技创新中心建设的若干政策措施》。该新政提出了 30 条科技体制机制改革措施，主要从五方面对现行科技体制机制进行大幅度的改革。一是加强科技创新统筹。创新"三城一区"管理体制机制，分步骤、分区域依法推进审批权限赋权和下放，同时把北京经济技术开发区试点的企业投资项目承诺制推广至"三城一区"。二是深化人才体制机制改革。改革重点为完善以人才为中心的系统政策，体现为：优化人才培养机制；优化评价机制，创新职称评价方式，推行代表作评价制度，实验室

成果转化也可作为职称评定条件；优化科研人员因公出国（境）审批流程；优化外籍人才引进及服务机制，为引才及留才提供政策上的便利。三是构建高精尖经济结构。通过政策落实、土地使用、标准厂房建设、创新监管机制、建设公共数据库、加强科技成果转化制度等多方面的改革，促进北京市重点产业发展及重点产业市场准入便利化水平提升。四是深化科研管理改革。主要改革措施包括统筹优化科技计划布局、简化科研项目管理手续及流程、扩大科研经费使用自主权、开展科研经费包干试点等。五是优化创新创业生态。改革措施围绕完善国有企业创新激励机制、完善创新创业服务机制、强化知识产权保护和应用、完善创新创业金融服务等方面展开。

（二）创新投入尤其是基础研究投入表现突出

创新资金是科研产出的前提，资金的充裕程度直接决定了创新产出的数量和质量。R&D 经费投入是衡量一个地区创新投入多寡的重要指标。作为一个直辖市，北京市从 2016 年到 2019 年每年的 R&D 经费投入为 1484.60 亿元 1579.70 亿元、1870.80 亿元和 2233.60 亿元。从绝对值来看，排名全国第三，位于广东省和江苏省之后，但如果从 R&D 经费投入强度[①]来比较，北京市常年位居全国第一，远超其他省区市。从 2016 年到 2019 年，北京市的 R&D 经费投入强度分别为 5.96、5.64、6.17 和 6.31。而上海的同期数据是 3.82、3.93、4.16 和 4.00，广东省的同期数据是 2.56、2.61、2.78 和 2.88，江苏省的同期数据也只有 2.66、2.63、2.70 和 2.79。北京的 R&D 经费投入强度是上海的 1.5 倍左右，是广东和江苏的 2.3 倍左右。

北京市的 R&D 经费投入还有一个亮点，即基础研究投入表现突出。2018 年，北京市 R&D 经费投入总额为 1870.8 亿元，其中基础研究经费投入近 280 亿元，占全国基础研究总投入的 25.5%、北京市 R&D 经费总投入的 14.9%。而同期全国、上海和广东的基础研究经费占 R&D 经费总投入的比例仅为 5.5%、7.8% 和 4.26%。2019 年，北京市 R&D 经费投入总额为 2233.6 亿元，其中基础研究经费投入 355 亿元，占全国基础研究总投入的 26.59%、北京市 R&D 经费总投入的 15.9%。而同期全国、上海和广东的基础研究经费占

---

① 即 R&D 投入经费与当年 GDP 的比值。

R&D 经费总投入的比例为 6.03%、8.9% 和 4.6%。由此可见，北京市的基础研究经费大大高于其他省区市。这主要得益于北京高校和科研院所云集，再加上央地协同发力。据统计，北京市的基础研究经费来自中央的经费占比 94%，执行部门为高校和科研院所的比例高达 96%。

从资本市场来看，北京市共有 392 家上市公司，居全国第四。其中科创板上市公司 39 家，仅次于广东的 44 家和江苏的 53 家，与上海持平；创业板 114 家，远超上海的 55 家，仅次于广东的 222 家和江苏的 128 家。发达的资本市场为企业的创新提供了充足的资金支持。

同时，北京的 VCPE 募资同样优势突出。从 2017 年到 2020 年，北京市创投基金投资额分别为 6001.02 亿元，5904.54 亿元，2709.61 亿元和 1892.37 亿元，每年都居全国第一，分别占当年全国创投基金投资总额的 23%、18%、14.5% 和 13%。同时这一金额从 2017 年到 2020 年分别是广东省的 2.71 倍、3.23 倍、2.68 倍和 2.62 倍，是上海创投基金投资规模的 2.87 倍、2.19 倍、1.66 倍和 1.78 倍。充足的风投基金给北京的企业创新带来了明显优势。据恒大研究院 2020 年 5 月发布的《中国独角兽报告》，北京独角兽企业共 69 家，居全国第一，占全国总量的 41.6%，而排在第二、第三、第四的上海、杭州、深圳分别只有 35 家、20 家和 13 家。

（三）人才集聚效应明显

创新资金是科技创新中心建设的一个核心要素，而另一核心要素就是人才，尤其是高素质的科技创新人才[1]。人才要素贯穿于创新活动的全过程，参与知识与技术创造的每一个环节。而北京在这方面具有得天独厚的优势，人才聚集效应非常明显。

北京拥有全国最多的高校和实力最强的科研机构。世界一流大学建设 A 类高校全国共 36 所，其中北京就有 8 所，居全国第一，比排名第二的上海多 4 所；泰晤士高等教育世界大学排名（THE）与上海软科的全球大学排名中，只有北京的北京大学和清华大学进入全球前 50。同时，北京的科研院所实力

---

① 方兴东，杜磊. 中关村 40 年：历程、经验、挑战与对策 [J]. 人民论坛·学术前沿，2020（23）：90—106.

也非常强,拥有全国数量最多的研发机构及研发人员。北京拥有全国最多的重大科学基础设施,共 19 个;北京共有 124 个国家重点实验室,而上海只有 44个、广东只有 27 个;北京有 64 个国家一程技术研究中心,上海和广东分别只有 22 个和 23 个;北京拥有的国家临床医学中心数量也最多,达 23 个,而上海只有 6 个、广东只有 3 个。实力强劲的高校和科研院所为北京市吸引了来自全球的具有高度竞争力的科技创新人才,也培养了大量科技创新后备力量。据统计,2019 年,在北京工作的两院院士多达 830 名,占我国两院院士总数的比例高达 75%;北京的 R&D 人员全时当量(万人年)是 124.10,远远高于上海的 77.60 和广东的 67.20;北京有博士学位的专任教师占全国的比重为10.6%,有正高级职称的高校专任教师为 21112 人,占全国的比重为 9.21%,均为全国最高。大量高质量的人才聚集,不仅给北京培养了更多的创新人才,还给北京带来了更多的创新产出。2019 年,北京授予研究生学位人数为 9.2万人,占全国的比例为 14.38%,为全国最高,上海仅有 4.52 万人,广东仅有 3.02 万人;2019 年,北京的发明专利授权数为 53127 件,仅次于广东的59742 件,为全国第二,同期上海仅为 22735 件;2019 年,北京技术市场成交金额为 5695.28 亿元,居全国第一,同期上海只有 1522.21 亿元、广东是2223.08 亿元。

二、上海建设科技创新中心的主要经验

(一)布局科技基础能力建设

一是打造张江综合性国家科学中心。张江综合性国家科学中心是上海建设具有全球影响力科技创新中心的核心内容。早在 2016 年,国家发改委和科技部就已批复同意建设张江综合性国家科学中心,其中细化了建设重点,包括建立世界一流重大科技基础设施集群。围绕综合性国家科学中心的建设,上海布局了一大批科技基础设施,包括上海光源二期、软 X 射线自由激光电子装置、超强超短激光、活细胞成像平台等。目前上海已建成的 5 个和在建的 9 个重大科技基础设施中,建成的 2 个和在建的 6 个都在张江,全球规模最大、综合能力最强、种类最全的光子大科学设施群也在张江。另外,张江综合性国家科学中心还新建了北斗导航、工业互联网、临床研究、低碳技术等研发与转化平

台，建立了新能源汽车及动力系统国家工程实验室、上海微技术工业研究院等产业创新中心。集中布局建设的这一系列重大科技基础设施，为前沿科技及应用研究提供了关键、长期的科学技术支撑。

二是与中科院共建张江实验室。2017 年 9 月，中科院和上海市共同打造的张江实验室揭牌，这是上海建设具有全球影响力科技创新中心的又一重要支撑。张江实验室以大型科技基础设施建设和重大科技任务攻关为主线，主要聚焦光子科学相关基础研究、生命科学和信息技术攻关研究以及类脑智能研究。

张江实验室建立以来，一批大科学装置开始建设，如国家蛋白质科学研究设施、上海光源、硬 X 射线自由电子激光装置、软 X 射线自由电子激光装置等。其中硬 X 射线自由电子激光装置是国内投资最大的重大科技基础设施，总投资额超过 80 亿元。这些大科学装置完工后，都将成为科技创新的国之重器，为科研人员在基础前沿领域、关键核心技术领域取得突破提供坚实支撑。

三是实施国际大科学计划。2018 年 3 月，国务院印发了《积极牵头组织国际大科学计划和大科学工程方案》。发起或参与国际大科学计划和大科学工程，是我国拓宽国际科技合作渠道、融入全球科学界的重要手段。对上海市而言，不仅有利于提升上海在全球科技创新体系中的影响力，而且有助于加快推进上海科技创新中心的建设。上海市委书记李强曾表示："上海将以更加开放的平台，携手各国科技精英，共同探索世界科技前沿。最大限度用好全球创新资源，最大程度开放上海大科学设施，积极发起和参与国际大科学计划，深度融入全球科技创新网络，努力实现引领性原创成果的重大突破。"[1]

为参与或发起国际大科学计划，上海市推出了一系列政策加强科技基础设施的建设。2020 年 5 月 1 日开始实施的《上海市推进科技创新中心建设条例》第 28 条也鼓励"各类创新主体通过组织或者参与国际大科学计划和大科学工程等方式参与全球科技创新合作"。得益于上海"科创 22 条""科改 25 条"等科研政策的驱动，至 2025 年上海将建成 14 项重大科技设施；"十三五"期间，上海也成立了诸多代表世界科技前言的新型研发机构，如脑与类脑研究中心、上海人工智能实验室、量子科学中心等，依托这一系列科技基础设施，上海将

---

[1] 2019 浦江创新论坛今开幕，李强以"三个更加开放"谈上海科技创新［EB/OL］．（2019-05-25）［2021-05-03］．https://baijiahao.baidu.com/s?id=1634494335704224928&wfr=spider&for=pc.

对接国家的相关部署和要求，针对前沿科学问题启动大科学研究计划。2019年在香山科学会议上，与会专家建议以上海酝酿了两年之久的"基因组标签计划"（GTP）为基础，启动国际大科学计划，如果一切顺利，一个世界级模式动物平台将于五年内在上海兴起，届时吸引全球研究蛋白质的科学家前来展开研究；2020年9月，"全脑介观神经联接图谱"大科学计划启动。这些都将为上海建设具有全球影响力科技创新中心添上浓墨重彩的一笔。

（二）聚集国际化高端人才

国际高端人才是科技创新活动的创造者和激发者。为建设具有全球影响力的科技创新中心，上海一直注重引进具有活跃创新思想、引领创新团队、勇担创新风险的海内外创新人才，结合科技创新的重点领域及产业升级需求，构建具有国际视野和优秀专业能力的高层次人才队伍[①]。为此，上海市不断优化海外人才的工作与生活环境，持续推出引进海外人才的突破性政策。比如将更多的海外专业人才列入外国高端人才，对于上海市紧缺的海外人才放宽年龄、学历及工作经验的限制，并提供相关"绿色通道"待遇。同时，上海还在全国率先实施了外国人工作和居留许可"单一窗口"办理，在全国率先出台创业类外国人才办理工作许可政策，在全国率先向市辖区下放外国人来华工作许可审批权。这些突破性政策的实施，不仅方便外国科技人才的引进及流动，推动了上海市外国人才下沉式的管理与服务，而且大大增加了上海对外国人才的吸引力。

从2010年开始，科技部国外人才研究中心就开始主办"魅力中国——外籍人才眼中最具吸引力的中国城市"主题活动，按照外籍人才的政策环境、政务环境、工作环境、生活环境、科创环境五大标准参与评选。从2010年到2020年，上海连续8次排名第一。仅从新冠肺炎疫情后的2020年上半年来看，上海共发放25284份外国人来华许可工作证、4305份外国A类高端人才许可；同期广东共发放外国人来华许可工作证14362份、A类高端人才许可2576份；北京只发放7891份外国人来华工作许可、762份A类高端人才许

---

① 盛垒，洪娜，黄亮，等. 从资本驱动到创新驱动——纽约全球科创中心的崛起及对上海的启示［J］. 城市发展研究，2015（10）：92—101.

可。可见在吸引外国高端人才方面,上海将别的省区市远远抛在了后面。截至2021 年 2 月,上海共核发 27 万余份外国人工作许可证,其中外国 A 类高端人才近 5 万份,引进外国人才的数量和质量均居全国第一,占全国的比例约为 23.7%。

(三)搭建"产学研用"技术创新体系

一是推进研发与转化功能型平台建设。作为上海科技创新中心"四梁八柱"的重要组成部分,功能型平台是促进科研成果转化、培育创新型企业的重要举措。2018 年,上海市政府发布《关于本市推进研发与转化功能型平台建设的实施意见》,希望以完善创新链和产业链为目标,推动功能型平台成为上海创新体系的重要力量。截至 2020 年 12 月,上海已布局 15 家研发与转化功能型平台,如上海微技术工业研究院、类脑芯片与片上智能系统研发与转化平台、北斗导航研发平台等。这些平台成为连接科技界与产业界的桥梁,自成立以来聚集了 2000 余人的人才团队,累计服务 4400 余家用户,实现超 15 亿元服务收入。二是在全国率先进行人工智能应用场景建设。2018 年 12 月,上海发布人工智能应用场景实施计划,以期形成"以应用促产业,以产业带应用"的 AI 发展态势。当年采用"揭榜挂帅"的机制,吸引了来自全球 170 余份,十大领域的 AI 解决方案,最终"AI+学校""AI+医院""AI+社区"等 12 个应用场景入选,带动 AI 产业深度发展。2019 年,在世界人工智能大会闭幕式上,上海市发布第二批共 19 个人工智能应用场景,实现 AI 技术在第一产业、第二产业、第三产业的全覆盖。2020 年 12 月,上海市又确定了第三批共 11 个人工智能应用场景,充分发挥了 AI "赋能百业"的效应。三是引聚外资研发中心。外资研发中心为上海集聚了大量创新人才和创新资本,通过创新元素的深度融合,中外共创共享科研成果已成为上海建设具有全球影响力科技创新中心的一股重要力量。2017 年 10 月,上海市出台了《上海市关于进一步支持外资研发中心参与上海具有全球影响力的科技创新中心建设的若干意见》,共计 16 条措施;2020 年 11 月,上海市政府办公厅又印发《上海市鼓励设立和发展外资研发中心的规定》,以期吸引更多外资研发中心落沪,配置全球创新资源。截至 2021 年 4 月,上海认定的外资研发中心共 488 家,排名全国第一,其中由世界 500 强设立的占比为 1/3。这些外资研发中心主要布局于信息技术、医药等高新技术领域。

上海市科委十分重视通过政策有效引导外资研发中心参与本市科创中心建设。2017 年至今共举办了 20 多场活动，组织外企与长三角地区中小企业对接，提升中小企业的研发水平及研发效率，同时引导外资研发中心加入上海研发公共服务平台。目前，已有飞利浦、欧姆龙、强生、英特尔、微软等跨国公司设立开放式创新平台，与上海的企业或研发机构开展深入合作，开展产业链核心技术攻关。另外，还有 59 家外资研发中心加入上海研发公共服务平台，14 位外资研发中心的专家进入上海科技项目评审专家库。下一步，上海市政府将进一步完善知识产权保护机制，鼓励外资研发中心与本土研发机构创建新型研发机构，共同设计科学合理的合作与分配机制，共同推进创新成果的产业化应用，让外资研发中心成为科技创新中心建设的一支生力军。

三、广东建设科技创新中心的主要经验

（一）营造优越的创新环境

历史经验表明，创新者总是会选择最有利于创新活动发生的环境来实现其创新目标，广东省则给创新创业者提供了适宜的创新土壤。一是创新载体聚集，新型研发机构崛起。广东省拥有多达 233 个国家备案众创空间，居全国第一，是北京的 1.51 倍、上海的 3.19 倍；有 152 个国家科技企业孵化器，分别是北京的 2.5 倍、上海的 2.7 倍。在全国 169 个国家级高新区中，广东占 14 个，仅次于江苏省的 18 个；2019 年广东省国家级高新区的营业收入达 5.08 万亿元，仅次于北京的 6.64 亿元。近年来，广东省还培育了多家集基础研究、应用研究及产业化于一体的新型研发机构，如华大基因研究院、中科院先进技术研究院、光启高等理工研究院、清华大学深圳研究院等，这些新型研发机构不但创新成果多，而且产业化能力强。二是以开放的政策促进创新创业。广东省在制定创新政策时，更加注意吸取香港地区和国外地区的先进做法，会更多考虑市场的实际和企业的需求，敢于创新。比如为了从全球吸引高端人才，广东省推出了个人所得税优惠政策：凡是被认定为在粤港澳大湾区工作的境外高端人才和紧缺人才，其在珠三角地区九市缴纳的个人所得税已缴税额超过其按应纳税所得额的 15% 计算的税额部分，由珠三角地区九市给予财政补贴；再

如推出"孔雀计划",在珠三角地区九市先行先试技术移民制度以及通过政府采购方式支持刚进入市场的新技术和新产品。三是强有力的金融支持。据2020年9月发布的第28期全球金融中心指数(GFCI28)①,深圳位列全球第9,与上海、北京及香港共同跻身全球金融中心前10的位置。事实上,整个广东省金融业多项指标都居全国首位,而且在金融创新和对外开放方面形成了广东经验。2020年,广东省的间接融资增量为40692亿元,居全国第一;截至2021年5月10日,广东省共拥有731家A股上市公司,居全国首位,超位居第二的浙江省近185家;2020年广东省资本市场的直接融资额为8074亿元,同样居全国首位;2020年,广东省风投基金投资规模为722.19亿元,仅次于北京、上海和山东,位居全国第四。事实上,广东省风投基金的投资额长年都徘徊于全国第二或第三的位置。强有力的金融支撑为科技创新中心的建设提供了坚实的基础。

(二) 大力引进或自建高校和科研院所

全球各地科技创新中心的兴起皆与当地高校和科研院所关系密切。高校和科研院所不仅是新知识和新技术的创造者,也为创新活动培养和输送了丰富的人力资源②。广东一直是我国的经济第一强省,外贸、财政、养老金贡献都居全国第一,但高校和科研院所等资源却相对匮乏,广东省只有中山大学、华南理工大学及华南师范大学等5所"双一流"学科高校,与北京的34所、上海的14所及南京的12所还有一定差距。为提升高等教育实力及基础研究水平,广东省的"十四五"规划纲要指出,建设教育强省,支持广州和深圳打造全国高等教育高地。广东省正在开启一场声势浩大的建高校行动。

早在2000年,深圳便率先开始与清华大学、北京大学和哈尔滨工业大学等名校合作。2010年以来,中山大学深圳校区、哈尔滨工业大学深圳校区、香港中文大学深圳校区、深圳北理莫斯科大学先后设立;2011年南方科技大学开始对外招生,深圳的高等教育实现了跨越式发展。在泰晤士高等教育世界

---

① 全球金融中心指数是全球最具权威的关于国际金融中心地位及竞争力的评价指数,由英国伦敦Z/Yen集团和中国(深圳)综合开发研究院共同编制。

② 汪彬,杨露. 世界一流湾区经验与粤港澳大湾区协同发展 [J]. 理论视野,2020 (5):68－73.

大学 2020 排名中，深圳大学跃升至同济大学、天津大学等"双一流"高校之上，南方科技大学也冲到了中国内地高校第 8 的位置，2020 年哈尔滨工业大学深圳校区在多地的录取分数甚至超过了校本部。而近两年，又有接近 30 个大学、学院、研究生院进入广东各城市。比如香港科技大学在广州、香港城市大学在东莞、香港理工大学在佛山、香港公开大学在肇庆分别建立校区，另外自主建设的中山科技大学、广州交通大学、湾区大学、黄埔大学也已经启动。大部分高校都按一流高校的水平进行设施和学科配置，所以尽管粤港澳大湾区没有北京的丰富资源，也没有长三角地区的历史积淀，但受益于近几年排名全国第一的教育经费投入，广东省的高等教育无论是在师资力量配备还是高校全球排名都得到了长足的发展，为粤港澳大湾区科技创新中心的建设提供了重要的技术支撑。

（三）充分发挥企业的创新主体作用

企业是创新的重要主体，也是技术创新的主要受益者。各类企业集聚所产生的溢出效应，加速了技术创新的进程[①]。作为创新的领跑者及财富的创造者，创新型企业不但是科技创新中心的标志，也是其成长的发动机。一直以来，企业在广东省的科技创新进程中都发挥了重要作用。2018 年广东省 2704.7 亿元 R&D 经费投入中，企业投入资金所占比例为 87.59%；2019 年广东省 3098.49 亿元 R&D 经费投入中，企业投入资金为 2649.95 亿元，所占比例为 85.52%，这一比例在北京只有 50% 左右，在上海为 60% 左右，在四川为 55% 左右。企业创新的主体作用在深圳体现得更加明显。在深圳，90% 以上的研发人员集中于企业，90% 以上的研发机构设立在企业，90% 以上的研发资金来自企业，90% 以上的发明专利也来自企业。

得益于企业对技术创新的大量且持续投入，广东省的高新技术企业数量一直位于全国前列。2019 年，广东省认定的高新技术企业有 50916 家，这一数量是北京的 1.85 倍、上海的 3.95 倍、成渝地区的 5.78 倍。除此之外，广东省还拥有一批世界级企业及强大的创新产业集群，并涌现了华为、中兴通讯及

---

① 王文思. 粤港澳大湾区产业结构与优化路径研究——国际大湾区比较的视角［J］. 特区经济，2020（5）：32-34.

大疆创新等一大批世界知名的高科技企业。

从独角兽企业体量来看，2020年广东省共有33家，居于北京、上海之后，排名第三；独角兽企业产值为1309.8亿元，居于北京、杭州之后，同样排名全国第三。从瞪羚企业①数量来看，2019年广东共有4423家，是北京的1.39倍、上海的2.57倍、四川的6.29倍和重庆的10.31倍。截至2021年5月，广东省科创板上市公司共有43家，仅次于江苏省的51家，超过北京和上海的39家，大大超过四川的7家。2020年，广东省有14家企业上榜"财富世界500强"，仅次于北京的56家，超过上海的7家，名列全国第二。

第四节　国内外科技创新中心建设经验对成渝地区双城经济圈的启示及借鉴

从上述科技创新中心转移及建设经验来看，科技创新中心建设所必备的三个要素是资本、人才和环境。首先是资本，它是驱动创新的关键因素；其次是人才的创造性，复杂劳动才能创造更大的价值；最后是环境因素，包括经济环境、政治和思想文化环境，经济追求是最基本的推动力。新的科技创新中心的形成大多以各国经济繁荣、政治稳定、思想解放三大环境因素为前提②。富足的经济环境让人有条件创新，稳定可期的政策环境让人有勇气创新，开放的文化环境让人有想法创新。随着各国经济的快速发展，综合国力的不断增强，科技竞争力逐渐成为各国竞争的根本。要实现科技自立自强，资本、人才和环境是必需的，但试图纯粹地将这三种要素杂糅而取得成功的想法是片面的。全球资本丰富、教育实力强盛、研发热情颇高的园区众多，而目前实力强盛的科技创新中心寥寥可数，可见科技创新中心建设需要的不仅仅是这三种要素的聚集，更重要的是这个中心内部有极强的创新动力以及维持这种动力的系统机制③。

---

① 瞪羚企业是指成立时间在十年以内、年增长率不低于20%或上一年度总收入不低于5000万元的企业。

② 杜德斌，段德忠. 全球科技创新中心的空间分布、发展类型及演化趋势 [J]. 上海城市规划，2015（1）：76－81.

③ 盛彦文，骆华松，宋金平，等. 中国东部沿海五大城市群创新效率、影响因素及空间溢出效应 [J]. 地理研究，2020（2）：257－271.

成都和重庆作为成渝地区双层经济圈的中心城市，集聚了资金、人才、科研院所等创新资源，具有较好的创新文化与创新环境，在西部形成了有竞争力的科技创新实力，尤其是成都，更是居于全国前列。据 2020 年 1 月 4 日发布的《2019 中国城市科技创新发展报告》，成都的科技创新发展指数在省会和副省级城市中排名第 10。这说明成渝地区创新潜力巨大，具备打造具有全国影响力科技创新中心的基础。但同时我们又必须注意到，与科技创新发展指数居于前三的长三角地区、珠三角地区及京津冀城市群相比较，成渝地区双城经济圈的科技创新实力还存在较大差距，体现为科研投入不足、创新资源集聚度不够、缺乏高精尖创新人才、基础研究短板突出等，使得成渝地区的创新发展指数仅为 0.312，约为排名第 1 的长三角城市群创新发展指数 0.648 的二分之一，在全国 19 个城市群中也仅仅排在第 7。全球及国内知名科技创新中心的建设经验为成渝地区双城经济圈提供了以下重要启示及借鉴。

一、加大科技投入，夯实科技金融服务

持续加强科技投入，尤其是研发人力投入。除政府增加财政对科技的投入外，拓宽科技资金来源渠道，建立多层次的科技投融资机制，推进科技与金融的结合，搭建支持创新的融资平台，支持设立科技创投基金，鼓励商业银行设立科技支行，开发知识产权抵押信贷等创新产品，构建覆盖创新全链条的科技金融服务体系。同时，发挥政府资金的杠杆效应，带动社会资本对创新投入的积极性。

二、搭建创新平台

围绕成渝地区主导产业发展，吸引国内外知名高校、科研院所来川渝设立或共建研究中心、实验室、技术转移中心等，鼓励成渝地区高校和科研院所、高科技企业在国外技术先进国家设立研发机构和以研发为主要功能的合资公司，以帮助其在国内外直接吸收、引入国际优质创新资源。两地范围内的高校、科研院所及企业加强合作，共建技术研发基地及跨区域科技平台，联合争取在信息科学技术、生命科学、环境科学、新材料、交通科技等领域创建一批国家重点实验室；联合攻关产业发展重点领域内的关键技术，联合争取建设川藏铁路、智能网联汽车、绿色制造等国家技术创新中心，促进知识技术在区域

内的流动和转移，增强科技协同能力。

三、完善人才引进政策和培养机制

首先，成渝地区可共建共享全球人才数据库，共同构筑覆盖不同行业和领域、不同机构、不同层级和不同需求的全球人才信息网络，并在成渝地区相互开放，实现人才资源共享。其次，两地通过产业布局优化，协同人才引进政策。加强人事部门的对话和交流机制，带动人才引进的合理分工，避免人才政策的无序竞争和过度竞争，形成优势互补。再次，两地可联合向中共中央办公厅、人社部、科技部及国家税务总局争取在成渝地区先试先行一体化的人才政策，并确保引进人才的各种政策落地，着力从人才服务质量、营商环境、政策环境等方面提高城市国际化水平，切实从住房、子女教育、医疗等方面为高端人才在成渝地区生活提供方便。最后，两地还应创新人才培养模式，提高高校教育质量，优化课程设置，着重培养大学生的创新能力、分析能力、跨学科能力、全球视野及数字技术运用能力；建立招生、培养及产业发展的联动机制，推动人才与产业的精准匹配，推动高校与高新技术企业联合培养专业硕士，鼓励高校和企业共同进行项目研发，鼓励高校科研人员到企业访问、兼职。

四、加速科技成果转移转化

成渝地区可探索职务科技成果权属改革，将高校和科研院所职务科技成果作为科技资源而非国有资产进行管理，以大大减少职务科技成果转化的阻力；进一步培育科技成果转化中介机构，以市场为基础建立有专业、技术、行业背景的技术转移机构，鼓励高校建立技术转移办公室，对师生的科技成果进行评估，协助其创业或联系技术需求方，加强技术和市场的对接与合作，提高成果转化面及成果转化效率；深入推进成德绵国家科技成果转移转化示范区建设，实施科技成果转化示范项目，培育科技成果示范企业，加大省级科技成果转移转化示范区建设力度。

五、完善创新要素的合作与共享机制

成渝地区可整合创新政策供给体系，降低协同创新的制度性交易成本。加强各区域创新政策的对接，实施统一的创新政策；各区域清理原有的与协同创新相悖的政策，新出台的政策要符合协同创新的精神，跨区域的创新政策要兼顾协调性和整体性，提高创新政策跨区域传递与执行的通畅性；推进创新资源的开放与共享机制。可由政府牵头建立科技创新资源服务平台，根据一定条件遴选川渝两地范围内的大型科学仪器、专业技术服务平台、工程技术研究中心及重点实验室等入驻，面向两地提供多方面的科技服务；完善跨区域利益协调与共享机制。在"存量不动、增量分成"的原则下，成渝两地应建立无差异的纳税标准，实施统一的税收政策及办税服务流程，加强税收政策的沟通及征管协作，建立常态化的税收信息交换机制，推进税务信息互认和共享，降低征管成本，加强协查与合作，提高税收征管水平；成渝各区域根据市场化的原则，综合考虑协同各方的资源投入、贡献大小、创新链的节点位置，找准各方利益的契合点，确定收益最终分配比例。

第四章

成渝地区共建具有全国影响力
的科技创新中心：战略定位、
空间布局与战略重点

创新资源是全球性稀缺资源，是创新活动乃至区域或一国科技创新发展和科技综合实力的核心依托。因而，吸引和集聚创新资源、打造区域性或全球性科技创新中心，成为各国各地区应对新一轮科技革命和提升综合实力的重要举措。目前，按照党中央、国务院战略部署，全国布局建设的科技创新中心已有4个，即北京、上海、粤港澳大湾区和成渝地区双城经济圈，各个地区被赋予了不同的使命任务。建设具有全国影响力的科技创新中心是党中央赋予成渝地区双城经济圈的目标定位之一，是建成"两中心两地"并最终成为"带动全国高质量发展的重要增长极和新的动力源"的关键内核与持续驱动力，对成渝地区双城经济圈建设目标落地见效具有战略性的引领作用和支撑作用。由两个相邻省级行政区联合共建跨地域的国家科技创新中心的探索，在川渝两地尚属首次。两地地理相邻、文化相通、历史相融，有着深厚的历史渊源和紧密的往来联系，有助于两地科学确立共建科技创新中心的战略定位、战略目标和战略重点，并创新性地探索共建的战略模式。

第一节　成渝地区共建具有全国影响力的科技创新中心的战略定位与战略目标

当代的国际竞争突出表现为全球价值链竞争，[①] 其实质内核是科技之争。创新资源在空间上的分布是极不平衡的，全球最优质的创新资源高度集中于少数地区或城市，从而使这些地区或城市成为原始创新的策源地、技术创新和产业革命的引领者、创新网络的重要枢纽。科技创新中心的不同分工与能级，决定着其所属地区或所属国家在世界分工体系中所处的位势，以及与之紧密关联的产业在全球价值链中的参与度。在国家的整体战略布局中，北京、上海、粤

---

① 洪银兴. 围绕产业链部署创新链——论科技创新与产业创新的深度融合［J］. 经济理论与经济管理，2019（8）：4－10.

港澳大湾区和成渝地区双城经济圈等科技创新中心的战略定位、战略目标各有侧重，通过差异化协同发展，将共同承担起为经济高质量发展提供强劲动力，引领中国不断迈向国际产业链和价值链高端的战略使命。

一、北京、上海、粤港澳大湾区三大科技创新中心的战略定位

北京的战略定位是全国科技创新中心。作为首都，北京具有显著的政治、文化及政策优势，集聚了极为丰富的智力资源和科技力量，尤其是集聚了大量高端科研院所和高水平教育机构精粹，并以中关村为主要载体，长期承担着国家科技体制改革"试验田"的重要使命，在基础科学研究领域具有得天独厚的优越条件，且天然地具有面向全球开放式创新的优势。2014 年 2 月，习近平总书记到北京视察时，明确提出"全国政治中心、文化中心、国际交往中心、科技创新中心"的城市战略定位。这是国家层面首次提出要将北京建设成为全国科技创新中心。2016 年印发的《北京加强全国科技创新中心建设总体方案》，对北京加强全国科技创新中心建设的战略定位、总体思路和发展目标进行了系统部署。方案明确提出：要根据京津冀协同发展的总体要求，以中关村国家自主创新示范区为主要载体，以构建科技创新为核心的全面创新体系为强大支撑，着力增强原始创新能力，打造世界知名科学中心和全球原始创新策源地；实施技术创新跨越工程，着力推动科技和经济结合，加快构建"高精尖"经济结构，建设创新驱动发展先行区；着力构建京津冀协同创新共同体，培育世界级创新型城市群，支撑引领京津冀协同发展等国家战略实施；着力加强全球科技创新合作，构筑全球开放创新核心区；着力推进全面创新改革，进一步突破体制机制障碍，优化创新创业生态。塑造更多依靠创新驱动、更多发挥先发优势的引领型发展，持续创造新的经济增长点，为把我国建设成为世界科技强国、实现"两个一百年"奋斗目标提供强大动力。[①] 北京因其突出的政治中心和科教资源富集优势，其战略定位从一开始就侧重于基础研究领域，尤其聚焦于突破重大前沿基础研究难题，打造面向全球的原始创新策源地和开放创新高地。党的十九届五中全会提出"支持北京形成国际科技创新中心"，并被纳

---

① 国务院关于印发北京加强全国科技创新中心建设总体方案的通知（国发〔2016〕52 号）〔Z/OL〕.（2016—09—18）〔2021—05—23〕. http：//www. gov. cn/zhengce/content/2016—09/18/content_5109049. htm.

入国家"十四五"规划和 2035 年远景目标规划纲要。北京市委第十二届十五次全会也明确提出"以建设国际科技创新中心为新引擎"。这是在北京建设全国科技创新中心的基础上，在更高层次、更广阔的国际视野上的新谋划，意味着北京进一步在全球科技创新体系中提升能级，形成具有全球领先地位的创新力、竞争力和辐射力，更好发挥建设科技强国的战略支撑作用。根据北京"十四五"科技创新规划，将主要围绕筑根基、建优势、转范式、促联动、强协同和优生态，精准实施"六大工程"：一是国家战略科技力量创建工程，推进在京国家重点实验室体系化发展，形成以怀柔综合性国家科学中心、新型研发机构、国家高新技术企业为主体的创新联合体；二是重点前沿领域跨越工程，率先抢占人工智能、量子计算、区块链、生物技术、集成电路等优势领域制高点；三是创新范式优化工程，通过人工智能、区块链、车联网、生命科学大数据等领域平台的搭建，加速转变创新范式；四是"创新链、产业链、供应链"三链联动工程，通过数字经济和场景驱动、新基建赋能，加大原始创新力度并加速在地转化，聚焦智能制造、大健康、绿色智能制造等领域，培育形成新的万亿级产业集群；五是京津冀产业驱动工程，推动京津冀的数字经济核心技术、底层技术及关键应用技术与传统产业的升级紧密结合、良性互动，形成"数字产业化、产业数字化"的产业驱动链条；六是创新生态提升工程，推进创新体制机制先行先试、落地见效，扩大开放合作，不断优化科研环境和创新文化氛围。①

上海的战略定位是全球有影响力的科技创新中心。早在 2014 年 5 月，习近平总书记到上海考察时，提出要加快向具有全球影响力的科技创新中心进军。此后，上海市委市政府组织力量进行了为期 5 个月的深入调研，出台了《关于加快建设具有全球影响力的科技创新中心的意见》，意味着上海全面推进全球科技创新中心建设的正式开启。② 作为具有全球影响力的科技创新中心，其对全球创新资源的流动应具有显著的引领、组织和控制能力，以科学研究和技术创新为主要功能，并集中先进制造、文化教育、金融等复合功能，成为新

①　北京国际科技创新中心建设立足科技自立自强 [N/OL].　（2021−01−21）［2021−05−25］. https://m. gmw. cn/baijia/2021−01/21/34559997. html.
②　杜德斌. 建设全球科技创新中心，上海与长三角联动发展 [J]. 张江科技评论，2019（1）：16−19.

知识、新技术、新产业的全球策源地。上海作为我国最大的综合性经济中心城市，具有优越的区位优势，制造业、服务业等产业基础雄厚，长期是世界观察中国的重要窗口，其建设成为世界顶级的科技创新中心具有深厚的发展基础和巨大的发展潜力。因此，上海的定位是建设成为卓越的全球城市和社会主义现代化国际大都市，其科技创新中心建设从启动伊始，就肩负代表国家面向和参与全球创新枢纽竞争、抢占科技创新制高点的重要战略使命，因而更加侧重于着眼全球视野，以国际开放合作为特色，实现向世界科技前列的跃迁，打造前沿窗口和国际化创新平台。根据 2016 年《上海系统推进全面创新改革试验 加快建设具有全球影响力的科技创新中心方案》，到 2020 年，上海的创新治理体系与治理能力日趋完善，创新生态持续优化，高质量创新成果不断涌现，高附加值的新兴产业成为城市经济转型的重要支撑，城市更加宜居宜业，中心城市的辐射带动功能更加凸显，形成具有全球影响力的科技创新中心的基本框架体系；到 2030 年，上海着力形成具有全球影响力的科技创新中心的核心功能，在服务国家参与全球经济科技合作与竞争中发挥枢纽作用，为我国经济提质增效升级做出更大贡献，创新驱动发展走在全国前头、走到世界前列。最终，上海要全面建成具有全球影响力的科技创新中心，有效发挥全球高端创新资源聚集高地、全球科技创新的策源地、全球新经济的引领者、全球创新网络的重要枢纽、全球及区域创新的发展极、国际创新资源的流动港等重要功能，① 成为与我国经济科技实力和综合国力相匹配的全球创新城市。

粤港澳大湾区的战略定位是国际科技创新中心。作为我国首个国家层面确认的湾区，粤港澳大湾区具有独特的"9+2"区域构成。这一区域既具有强大经济活力、丰厚的传统制造业基础、活跃的新兴产业发展、巨大的市场红利、高度聚集的创新要素、改革开放的前沿阵地等得天独厚的基础条件，又面临"一国两制"等体制机制的特殊挑战，相较于其他区域具有明显的独特性。2017 年 7 月 1 日，习近平总书记出席并见证了《深化粤港澳合作 推进大湾区建设的框架协议》的签订。根据协议，粤港澳三地将在中央支持下完善创新合作体制机制，优化跨区域合作创新发展模式，构建国际化、开放型的区域创新体系，打造国际科技创新中心。这是建设粤港澳大湾区国际科技创新中心的首

---

① 孙福全. 上海科技创新中心的核心功能及其突破口［J］. 科学发展，2020（7）：5—15.

次提出。2019 年 2 月，中共中央、国务院印发的《粤港澳大湾区发展规划纲要》明确了建设"具有全球影响力的国际科技创新中心"的战略定位，提出要"瞄准世界科技和产业发展前沿，加强创新平台建设，大力发展新技术、新产业、新业态、新模式，加快形成以创新为主要动力和支撑的经济体系；扎实推进全面创新改革试验，充分发挥粤港澳科技研发与产业创新优势，破除影响创新要素自由流动的瓶颈和制约，进一步激发各类创新主体活力，建成全球科技创新高地和新兴产业重要策源地"，并从构建开放型区域协同创新共同体、打造高水平科技创新载体和平台、优化区域创新环境三个方面予以阐释。[①] 此外，根据国家和广东省"十四五"规划和 2035 年远景目标规划纲要，粤港澳大湾区国际科技创新中心将进一步提升创新策源能力和全球资源配置能力，与北京、上海两个国际科技创新中心一起，在引领我国高质量发展中发挥"第一梯队"的重要战略支撑作用。"十四五"期间，加强粤港澳三地的产学研协同发展，完善广深港、广珠澳科技创新走廊和深港河套、粤澳横琴科技创新极点"两廊两点"架构体系，以及推进综合性国家科学中心建设、便利创新要素跨境流动，将成为粤港澳大湾区提升科创能力的着力点和突破口。[②] 显然，粤港澳大湾区国际科技创新中心建设的战略定位，尤其侧重于发挥"一国两制"的制度优势和港澳地区在国际体系中的特殊优势，大力推进改革开放先行先试，借力和助力"一带一路"纵深发展，深化港澳与内地的融合发展，推动珠三角区域产业向现代产业体系转型升级，推动我国迈向全球价值链中高端，构建我国参与国际竞争合作和引领新一轮技术变革的重要平台，形成带动我国经济高质量发展的重要增长极。

二、成渝地区共建具有全国影响力的科技创新中心的战略定位

区别于其他三个科技创新中心，成渝地区是我国第二阶梯连接第一阶梯的过渡带、紧临"胡焕庸线"右侧唯一的经济活跃支点和枢纽要地，是典型的内陆地区，既不靠海，也不靠边。一直以来，成渝地区均居于国家战略大后方的

[①] 粤港澳大湾区发展规划纲要 [Z/OL]. （2019－02－18）［2021－05－25］. http://www. gov. cn/gongbao/content/2019/content_5370836. htm.

[②] "十四五"规划纲要草案赋予深圳更多新任务和新机遇 [N/OL]. （2021－03－08）［2021－05－25］. http://www. sz. gov. cn/cn/xxgk/zfxxgj/zwdt/content/post_8589637. html.

核心战略腹地。新中国成立以来，国家"三线"建设更是为成渝地区沉淀了一大批高等院校、科研院所、国有企业，奠定了该地区丰厚的科教人文资源和完备的产业体系基础，经济综合承载力较强，拥有众多"国之重器"，发展潜力巨大。随着"西部大开发"战略的实施，成渝地区已发展为西部地区人口最稠密、产业基础最雄厚、创新能力最强的区域。当前，成渝地区更成为"一带一路"建设和长江经济带联动发展的战略枢纽，面临新一轮"西部大开发"、全面创新改革试验、自由贸易试验区等国家战略和布局交汇叠加的重大机遇，各类创新平台、高层次人才等创新要素加速集聚，发展潜力巨大，具有创建国家重大区域创新平台、形成带动经济高质量发展的重要增长极和新的动力源、建设内陆型世界级城市群的良好基础，也须主动在构建涵盖先进齐备的科研体系、工业体系和物质保障等支撑基础的国家立体战略保障方面担负使命。

此外，信息技术的颠覆性革命和基础设施的突破性进步，已打破成渝地区"内陆封闭"的时空约束，"铁港联运""空铁联运"等新型快速交通与物流模式，使成渝地区作为连接东亚、东北亚并进入东南亚、南亚次大陆的主通道枢纽地位日益凸显，更成为连接中国—中南半岛经济走廊、中巴经济走廊的重要支撑区域。成渝地区理应更加主动融入和服务于"一带一路"倡议，尤其在国家向西、向南开放战略中成为重要的前沿阵地。西向开放势必深化与欧洲的战略合作，开放引进欧洲发达国家和经济体的先进技术、产业及管理、制度，吸引先进要素集聚，并形成自身的现代产业体系和产业集群优势，带动西部地区经济发展，不断增强我国在技术创新、经济贸易、产业投资、文化交流等方面的国际影响力。南向开放势必深化与南亚、东南亚等人口密集区域的后发经济体之间的战略合作。这些区域人口结构年轻化、经济增长后发优势显著，是跨国公司产能转移和投资的热土，既可能成为我国劳动密集型产业外溢的重要区域，也可能成为终端消费品出口的重要市场，为成渝地区拓展对外开放、打造世界级制造产业集群提供广阔空间和市场腹地。

有鉴于此，成渝地区共建具有全国影响力的科技创新中心的战略定位，须立足于国家战略腹地和内陆开放战略高地的特殊地位，更加侧重于充分发挥国家战略创新资源集聚优势、经济发展"第四极"引领优势，深入实施创新驱动发展战略，优化创新制度和政策环境，推动重庆、成都两大国家中心城市进一步实现优势互补并形成合力，协调推进成渝地区科技创新、产业创新、体制机制创新和协同开放创新，汇聚全球一流创新资源，推动科技与经济深度融合，加快构建创新引领的现代经济体系和发展模式，建成世界知名的原始创新策源地和新兴产业集聚地，打造内陆开放战略高地和参与国际竞争新基地，辐射带动广大中西部地区加快创新驱动转型发展，构建支撑全国高质量发展的新动力源，拓展全国经济增长的新空间。[1][2]

具体来看，成渝地区共建具有全国影响力的科技创新中心，亟须落实国家创新驱动发展战略，尤其聚焦核能、航空航天、信息技术、生物医药等重点领域，在解决国家经济社会发展面临的重大科技瓶颈和"卡脖子"问题方面，提供强大科技创新支撑，形成原始创新集群，为提升国家综合科技实力、应对新一轮科技革命贡献力量。同时，对标北京、上海和粤港澳大湾区，整合成渝地区科技创新资源，增强协同创新发展能力，以科技创新为区域产业和经济发展提供核心驱动引擎，形成"科技创新中心—经济增长极"的一体发展格局，辐射带动成渝地区中小城市发展提能，打造引领中西部地区高质量发展的创新型城市群，切实成为支撑新时代西部大开发形成新格局和全国高质量发展的第四增长极。

三、成渝地区共建具有全国影响力的科技创新中心的战略目标[3]

2016 年中共中央、国务院印发的《国家创新驱动发展战略纲要》中，明确了我国科技强国的"三步走"发展目标，即到 2020 年进入创新型国家行列，基本建成中国特色国家创新体系，有力支撑全面建成小康社会目标的实现；到 2030 年跻身创新型国家前列，发展驱动力实现根本转换，经济社会发展水平和国际竞争力大幅提升，为建成经济强国和共同富裕社会奠定坚实基础；到 2050 年建成世界科技创新强国，成为世界主要科学中心和创新高地，为我国建成富强、民主、文明、和谐的社会主义现代化国家、实现中华民族伟大复兴

---

① 据四川省关于建设具有全国影响力的科技创新中心的相关调研报告（内部资料）、关于增强成渝地区双城经济圈协同创新能力行动方案（内部资料）等资料，以及相关调研所得一手、二手资料。

② 张志强，熊永兰，韩文艳. 成渝国家科技创新中心建设模式与政策研究 [J]. 中国西部，2020 (5)：11−23.

③ 据课题组调研所得一手、二手资料和相关规划、行动方案等文本。

的中国梦提供强大支撑。[1] 这是"两个一百年"奋斗目标在科技创新领域具体落地践行的行动时序与行动指向。成渝地区在科技创新方面有基础、有潜力，在全国已有较重分量与较大影响，在建设具有全国影响力的科技创新中心基础上，应前瞻性地瞄准国际科技创新中心方向，按照更长远的发展目标进行战略布局。

由此，结合国家科技强国"三步走"目标，成渝地区建设具有全国影响力的科技创新中心，已初步拟定"三步走"的战略目标。到2025年，初步建成具有全国影响力的科技创新中心。重点领域和关键环节体制机制改革取得实效，区域创新格局全面重塑、科技创新资源有效集聚、产业创新能力显著增强、开放创新生态更加成熟，科技创新的要素集聚力、经济影响力、区域带动力大幅提升，成为全国有影响力的区域协同创新示范区、原始创新策源地、"一带一路"开放创新高地和国际技术转移中心。到2035年，建成具有全国影响力和一定国际影响力的科技创新中心。创新生态更加优化，创新要素加速集聚，建成西部科学城，协同创新能力、基础研究能力、技术攻关能力、成果转化能力、开放创新能力显著增强，部分领域领先全国或达到国际先进水平，成为全国重要的科技创新策源地、产业创新应用场和开放创新示范区，创新成为驱动高质量发展的主要力量，形成更多依靠创新驱动、更多发挥先发优势的引领型发展，形成辐射带动西部地区的创新先导区，建成全国科技创新的增长极。到2050年，建成具有国际影响力的科技创新中心。建成发达的科技创新市场机制，构建起良好的创新生态，拥有一批世界一流高端人才和科研机构、研究型大学、创新型企业，重大原创性科学成果持续涌现，成为国际创新网络的重要枢纽和国际性重大科学发展、原创技术和高新科技产业的重要策源地。

第二节　成渝地区共建具有全国影响力的科技创新中心的空间布局

成渝地区共建具有全国影响力的科技创新中心，虽然以成都、重庆为高能

---

[1]　中共中央国务院印发《国家创新驱动发展战略纲要》[N/OL].（2016—05—20）[2021—05—25]. http://politics. people. com. cn/n1/2016/0520/c1001—28364670. html.

级创新极核，但最终须形成"双极核"引领带动、区内城市协同发展的创新型城市群，才可能真正具备领先的创新力和区域影响力、辐射力。这要求成渝地区形成科技创新发展的合理空间梯度，进一步有效集聚创新要素，强化区域间协同创新能力，从而不断增强区域自身的创新要素吸引集聚力和创新能级，不断提升区域对外创新扩张力。

一、成渝地区创新能力的空间分布现状

如前所述，成渝地区拥有1亿多人口、超过7万亿元经济总量，积累了科技资源和人力资本，产业基础雄厚，具有成都科学城、重庆科学城、中国（绵阳）科技城和诸多国家级、省级高新区等一大批优质创新载体平台，在电子信息、高端装备、汽（车）摩（托车）、生物医药、军民融合等方面已形成在全国有一定影响力的优势产业集群，在互联网医疗、数字经济、航空航天等新兴战略产业领域也培育了若干潜在"爆发点"，具备协同创新和共同培育世界级产业集群的良好基础。同时，成渝地区已建成和在建、计划建设的内外综合交通网络体系等基础设施，也为建设具有全国影响力的科技创新中心提供了优质的物质基础条件。

但总体来看，成渝地区的创新能力空间分布不均、内外创新关联水平仍然较低，创新关联网络及能力与支撑具有全国影响力的科技创新中心的要求还存在显著差距。

其一，成渝地区内部创新要素及创新成果在成都、重庆两市的空间集聚效应极为突出，区内创新首位度高、创新能力分布不均。根据2019年度《四川省区域创新能力评价报告》，基于研发投入强度、科研人员数量、科研机构数量、专利申请数和授权数等方面综合考量的区域创新能力综合评价值，四川省排名第1的成都得分为68.67，是第2名绵阳（37.27分）的1.84倍，是第3名宜宾（29.23分）的2.35倍；成德绵产业经济发展带聚集了全省75％以上的研发人员和经费、60％以上的高技术企业，创造了75％以上的研发产出。相较于以往年份，成都与其他城市的差距略有拉大之势。①

其二，成渝地区内部的创新关联水平发展不均衡、协同创新不足。传统行

---

① 2019年四川省区域创新能力评价［Z］. 四川省科学技术厅内部资料，2020.

政区经济思维限制了人才、技术等创新资源要素的跨区域流动，阻碍了科研装置、大型仪器、创新平台、科创信息、科技成果等资源的共享，各地的创新体系区域特征明显，开放式联合攻关等区域协同创新机制欠缺。据 2019 年城市创新型企业"总部—分支"联系观察数据，①成都、重庆两市在区内表现出最高创新关联度，重庆是成都的创新型企业设立分支机构的第二大去向城市，仅次于北京，但仅为创新型企业在蓉设立分支机构第六大来源城市，成都对重庆的创新关联水平明显高于重庆对成都的创新关联水平；另据城市创新型企业"总部—分支"联系、创新型企业投资联系、高校科研合作联系等综合数据，②绵阳在成都全国创新关联城市中排名第 10，成都对乐山、德阳、宜宾等城市也形成较高的创新辐射，但对毗邻地区的眉山、资阳等城市带动不足，甚至因成都在区位、经济和科技等方面的突出优势，不断吸引聚集周边地区的人才等要素，呈现明显的"马太效应"，这在一定程度上加剧了区内创新能力的空间非均衡格局。

其三，成渝地区内部创新节点发展迅速，但聚点成链集群发展的水平仍显欠缺。总体来看，成渝地区各创新节点在电子信息、汽车、装备制造等多个领域存在资源布局趋同、横向资源"拼抢"等现象，围绕创新链、产业链纵向协同、聚点成链、集群发展的水平不足。因大规模"三线建设"而奠定的优势科技资源大量集中于国防军工等领域，如四川 14 个国家重点实验室中有 8 个为国防军工领域，9 项国家重大科技基础设施中 8 项与军工相关，全省一半以上院士属于国防军工领域。这类科研院所资源的运行长期以来相对独立，表现出较为显著的科技创新"嵌入性"特征，与地方经济互动性和结合性不强。此外，现有创新主体之间尚未围绕创新链、产业链形成深度联结，"政产学研金服用"一体化程度亟待提升。

其四，成渝地区对创新型企业具有一定吸引力，但对外创新扩张能力略显不足。据 2019 年城市创新型企业"总部—分支"联系观察数据，③成都对创新型企业前来设立分支机构的吸引力仅次于北京、上海、深圳和广州，居于第5，高于杭州；在成渝地区，同时选择成都、重庆两市设立分支机构的创新型

---

① 数据来源：成都市经济发展研究院高德地图数据分析（2020 内部工作报告）。
② 数据来源：成都市经济发展研究院高德地图数据分析（2020 内部工作报告）。
③ 数据来源：成都市经济发展研究院高德地图数据分析（2020 内部工作报告）。

企业有 869 家，只在成都设立分支机构的创新型企业有 2159 家，只在重庆设立分支机构的创新型企业有 1085 家。但成都仅 580 家创新型企业在全国 193 个城市设立分支机构，其中，522 家覆盖 1~6 个城市，远低于北京的 5872 家、上海的 3317 家、深圳的 2960 家、广州的 1816 家；仅 1 家覆盖 65 个城市以上，而北京和上海则分别为 12 家、10 家。此外，根据启信宝信息服务平台数据查询，成都创新型企业的对外投资事件相对较少，2018 年仅 67 项、涉及 21 座城市，杭州则有 468 项、涉及 53 座城市。这与成都的投资机构数量规模、发育程度较低紧密相关。据融资信息服务平台"投资界"数据，2019 年成都投资机构数量仅为北京的 3.52％、上海的 5.26％、深圳的 8.68％、杭州的 19.46％。对比成都创新型企业投资来源前 5 座城市（北京、上海、深圳、杭州、宁波）对外投资事件数量，成都创新型企业所获投资资源整体处于各城市对外投资事件的中等偏下水平。

二、成渝地区共建具有全国影响力的科技创新中心的空间布局①

进行合理的空间布局，将优质的创新要素落地到空间并形成协同创新能力，是建设科技创新中心筑基础、搭平台、找抓手、育主体的前置条件。综观国内外科技创新中心的发展经验，沿城市连接轴建设科技创新走廊，将具有创新能力的城市及其各类创新节点串接成链、协同成网，是跨区域协同创新发展的重要路径。成渝地区正积极谋划建设"成渝科创大走廊"，并以此为抓手打造跨区域创新合作平台，以发挥两地比较优势、增强区域协同创新能力。成渝科创大走廊的空间格局，实质构成成渝地区建设具有全国影响力的科技创新中心的空间布局核心支撑。

总体来看，"两极一廊多点"构成成渝科创大走廊的基本空间格局。"两极"即以成都高新区为支撑的中国西部（成都）科学城、以重庆高新区为核心的中国西部（重庆）科学城；"一廊"即涵盖串接成都高新区、重庆高新区、绵阳高新区、德阳高新区、乐山高新区、内江高新区、自贡高新区、泸州高新区、荣昌高新区、璧山高新区、永川高新区和攀枝花钒钛高新区等成渝地区 12 家国家高新区的成渝科技创新走廊；"多点"即涵盖成渝地区诸多国家级新

---

① 据课题组调研所得一手、二手资料和相关规划、行动方案等文本整理。

区、经开区、省级高新区、高校和科研院所在内的多个创新功能区和创新节点。成渝地区将依托这一科创大走廊跨区域合作平台，争取国家重要科技创新平台进一步在区内布局，以提升科技创新能级为导向，打造西部地区创新资源最为集中、双创生态最为良好、产业发展质量最优、协同创新效率最高的标志性区域，使之成为成渝地区高质量发展的强大引擎，全面支撑和引领建设具有全国影响力的科技创新中心。①

根据《重庆高新区 成都高新区"双区联动"共建具有全国影响力的科技创新中心战略合作协议》，成渝科创大走廊将着力于共建"六个一"的重点战略任务。"一城"即以"一城多园"模式合作共建西部科学城。中共中央政治局会议审议通过的《成渝地区双城经济圈建设规划纲要》确立了成渝地区建设综合性国家科学中心的目标，成渝地区科技创新中心应聚焦核能、航空航天、信息技术和生物医药等重点领域，肩负起基础研究和原始创新的国家使命，加快构建"基础研究—技术创新—产业创新"的全链条创新体系。"一廊"即探索成都高新区、重庆高新区联动引领区内其他高新区和创新节点协同共建成渝科创走廊，共同向国家争取重大科技平台、重大政策，构建"成渝总部研发＋周边成果转化"，推动创新成果加快在沿线园区转化并实现产业化发展。"一高地"即发挥两地智能终端、大健康等新经济产业优势，以成都高新区、重庆高新区为核心载体，推进优势产业合作、共建全国新经济示范高地，协同打造智能终端、大健康世界级产业集群。"一区"即构建两地优势互补的创新创业服务体系，加快人才、基金、孵化载体等要素有效集聚，推动科技成果在地转化，促进以硬科技为主的高水平创新创业，共建西部创新创业引领区。"一港"即共同向上争取将成都高新区、重庆高新区纳入内陆自由贸易港试点，率先开展自由贸易港政策承接和体制机制先行先试，实现人员自由通关、国际科技合作、国际产业合作等全方位突破性改革，扩大技术、人才、资本、数据等领域开放，加强国际科技合作，共同打造内陆改革开放创新试验区。"一机制"即共建要素自由流动机制，坚持以市场化方式推动科技资源跨区域共建共享，促进成渝地区创新资源向创新极核集聚，并在创新节点之间合理流动，提升科技

---

① 成渝两大国家级高新区携手 共建具有全国影响力的科技创新中心［N/OL］.（2020－05－05）［2021－05－25］. http://www.sc.gov.cn/10462/10464/10797/2020/5/5/dc71995cd52d435ab1b27314a9105033.shtml.

创新的开放度和活跃度。①

具体而言，从四川方面来看，将协同构建域内"一核一廊三带"的空间布局。"一核"即打造以成都为核心的"成—德—眉—资"同城化科技创新"极核"。聚力建设综合性国家科学中心，筑牢成都创新中心内核，提升"成—德—眉—资"科技创新支撑能力，建设具有国际影响力的科技创新枢纽高地。"一廊"即前文所述，协同重庆共同打造成渝科创大走廊，充分发挥成都、重庆"双极核"引领带动作用，以成渝中线高铁等交通大通道为轴线，在资阳、内江、自贡、遂宁等地加快布局科技创新和产业创新资源，以国家高新区为主要载体打造关键创新节点，与成都科学城、重庆科学城等创新核心区紧密联动，打造成渝多层次科技创新和产业创新平台，形成创新链、产业链、价值链良性互动互促发展新格局。"三带"即充分发挥省内区域中心城市、重要节点城市的作用，沿广元、绵阳、德阳、成都、眉山、乐山、雅安一线，协同打造"成—德—绵—乐—广"高新技术产业带，以培育发展高新技术产业为着力点，突出军民融合和自主创新特色；依托攀枝花、宜宾、泸州等城市的资源禀赋和航道优势，打造沿长江上游绿色创新发展带，发展绿色产业集群，形成"川—渝—滇—黔"接合部重要创新高地；支持南充、达州、广安、巴中等城市与重庆毗邻城市协同创新，打造川渝毗邻地区融合发展创新带，推动构建一批毗邻合作示范区，推动川东北地区与成渝中部地区、渝东北、渝西地区一体化创新发展。这一空间布局有利于推动实现科技创新中心空间布局整体优化，形成合理的创新能力梯度分布与紧密的协同创新生态网络，以创新为动力引擎，引领四川深化推进"一干多支、五区协同"的区域发展战略，强化川渝互动、极核带动、干支联动。②

从重庆方面来看，则是以西部（重庆）科学城建设为极核，构建科学城"一核四片多点"的创新空间和产业空间，并以"一城多园"模式，引领带动市域范围形成多点的创新格局。"一核"即高新区直管园，致力于打造集聚基

①　成渝两大高新区 携手共建"六个一"[N/OL].（2021-05-27）[2021-06-25]. https://www.cqrb.cn/content/2021-05/27/content_320366.htm.

②　空间布局视角看科创中心：川渝将建一个"极核"、一条"大走廊"、三条"创新带"[N/OL].（2020-07-13）[2021-06-25]. https://baijiahao.baidu.com/s?id=1672072829299098710&wfr=spider&for=pc.

础科学研究和科技创新功能的核心引擎，集中力量建设综合性国家科学中心；"四片"即北碚、沙坪坝、西彭—双福、璧山四大创新产业片区；"多点"则涵盖多个创新创业园、高新技术产业园等创新节点。以此为创新极核，重庆将进一步丰富完善"一城多园"模式，加强科创平台建设，构建市域协同创新格局，引领建设两江协同创新区，创建广阳岛智创生态城，推进各高新区、经开区及工业园区等形成市域内多点创新深度联接呼应的创新发展良好生态格局。①

第三节　成渝地区共建具有全国影响力的科技创新中心的战略重点

综观国内外重要的区域性乃至全球性科技创新中心，均具备优良的创新创业氛围、充满创新活力，能够强烈吸引和高度集聚创新资源，实现创新资源的高效配置与有机融合，从而持续地创造和产生新的知识、新的技术与新的产品，在区域乃至全球产生较强的科技辐射带动力并不断推动产业转型升级。②由此，领先的科学研究水平、一流的技术创新能力、高端的产业发展体系、开放的创新环境氛围成为支撑科技创新中心发展的核心因素。

一、科技创新中心建设的四大核心支撑体系

北京、上海、粤港澳大湾区在加快推进国际科技创新中心建设时，均致力于强化自身在科学研究、技术创新、产业发展、创新环境等方面的能力与实力。如北京建设全国科技创新中心明确提出，要打造世界知名科学中心、实施技术创新跨越工程、加快构建"高精尖"经济结构、优化创新创业环境等重点

---

① 重庆确定科技创新任务书路线图 [N/OL]．（2021—05—18）[2021—06—25]．https://www.cqcb.com/hot/2021—05—18/4145137_pc.html；打造科技创新"加强版"，重庆这么干 [N/OL]．（2021—05—28）[2021—06—25]．https://www.sohu.com/a/469162147_355561.

② 骆建文，王海军，张虹．国际城市群科技创新中心建设经验及对上海的启示 [J]．华东科技，2015（3）：64—68；熊鸿儒．全球科技创新中心的形成和发展 [J]．学习与探索，2015（9）：112—116；邓丹青，杜群阳，冯李丹，等．全球科技创新中心评价指标体系探索：基于熵权 TOPSIS 的实证分析 [J]．科技管理研究，2019（14）：48—56；肖林．未来 30 年上海科技创新中心与人才战略 [J]．科学发展，2015（7）：14—19；叶玉瑶，王snippet诗，吴康敏，等．粤港澳大湾区建设国际科技创新中心的战略思考 [J]．热带地理，2020（1）：27—39.

任务。[①] 上海建设具有全球影响力科技创新中心提出，要建设上海张江综合性国家科学中心，建设关键共性技术研发和转化平台，实施引领产业发展的重大战略项目和基础工程，推进张江国家自主创新示范区建设等重要任务。[②] 2019年2月中共中央、国务院发布的《粤港澳大湾区发展规划纲要》在"建设国际科技创新中心"的专题章节中，提出深化粤港澳创新合作，构建开放型融合发展的区域协同创新共同体、打造高水平科技创新载体和平台、优化区域创新环境等重点任务，以集聚国际创新资源，着力提升科技成果转化能力，建设全球科技创新高地和新兴产业重要策源地。[③] 先行城市或区域结合自身实际，致力于构建四大核心支撑体系的发展经验，为确立科技创新中心建设的战略重点并持续提升创新力、竞争力与辐射力指明了方向。

（一）构建强大的科学研究基础支撑体系

科技创新中心尤其是全球性科技创新中心，本身也是科学研究的主阵地和原始创新的策源地，高水平的高校和科研院所、顶尖科学研究人才云集是其重要特征，而重大科技基础设施和协同创新平台载体则构成前沿科学研究的基础支撑。硅谷周边聚集了斯坦福大学、加州大学伯克利分校、斯坦福直线加速器中心、帕洛阿托研究中心等顶级高校和知名研究机构，以及斯坦福正负电子非对称环、正负电子工程、直线对撞机等大科学装置；[④] 波士顿地区本身就是美国高等教育的核心区，哈佛大学、麻省理工学院等100余所大学汇聚于此；深圳近年持续加大基础研究投入力度，超常规布局创新载体，陆续建成国家超级计算深圳中心、大亚湾中微子实验室、国家基因库、鹏城实验室等国家级重大

①　国务院关于印发北京加强全国科技创新中心建设总体方案的通知（国发〔2016〕52号）[Z/OL].（2016—09—18）[2021—06—25]. http://www.gov.cn/zhengce/content/2016—09/18/content_5109049.htm.

②　国务院关于印发上海系统推进全面创新改革试验加快建设具有全球影响力科技创新中心方案的通知（国发〔2016〕23号）[Z/OL].（2016—04—15）[2021—06—25]. http://www.gov.cn/zhengce/content/2016—04/15/content_5064434.htm.

③　粤港澳大湾区发展规划纲要[Z/OL].（2019—02—18）[2021—06—25]. http://www.gov.cn/gongbao/content/2019/content_5370836.htm.

④　王子丹，袁永，胡海鹏，等. 粤港澳大湾区科技创新中心四大核心体系建设研究[J]. 科技管理研究，2021（1）：70—76.

基础设施，各类创新载体突破 2642 家。①

（二）构建完备的技术创新要素生态体系

创新活动的核心"内质"是创新要素在创新链各环节的整合配置。拥有原创能力和顶尖技术的科技人才、通晓市场空白和痛点的创新型企业家、擅长捕捉机会和战略整合的风投机构等创新要素，在创新链各环节发挥不同的作用，从而构成科技创新中心的技术创新体系，推动形成区域开放协同创新良性循环，并持续提升区域创新活力。一直以来，政府采购形成推动硅谷新兴产业和中小企业及高技术产品快速推广的重要动力；科技金融在促进资源连接、创新主体协作、资金融通等方面扮演重要角色，旧金山湾区内拥有 1000 多家风投公司和 2000 多家中介服务机构，2018 年湾区所获风投资金超 600 亿美元，占同期美国风投市场的 52.6%，有力助推初创企业加速成长；尖端科技人才紧密连接市场并积极向创新型企业家转型，斯坦福大学师生和校友创办的企业产值在硅谷占比 50%～60%；高校设置孵化器为学生提供创业服务，同时，谷歌、苹果等高科技企业也在高校设立企业实验室并提供资金和设备支持，推动"产学研"一体的实用型研究。深圳虽然在高端教育资源方面相对弱势，但其科技领先企业特别注重向国内外其他区域高水平大学寻求合作、开放创新，其研发具有"6 个 90%"② 的突出特征，即 90% 的创新型企业为本土企业、90% 的科研人员在企业、90% 的研发投入源于企业、90% 的专利产生于企业、90% 的研发机构建立在企业、90% 以上的重大科研项目由企业承担，创新型企业家成为创新生态链中的中坚力量，展现出强大的科技成果转化能力和旺盛的创新活力。

（三）构建多元的产业应用场景体系

任何一项科技成果的价值实现都须完成从科学研究、实验开发到应用推广的"三级跳"。因此，创新活动全过程即创新链至少涵盖"基础研究—技术研

---

① 深圳 40 年·成就综述：科技创新是引领发展的第一动力 [N/OL]. （2020—08—24）[2021—06—25]. https://baijiahao.baidu.com/s?id=1675891142702845929&wfr=spider&for=pc.

② 深圳："六个 90%"成就中国"硅谷" [N/OL]. （2018—01—30）[2021—06—25]. http://www.ce.cn/xwzx/gnsz/gdxw/201801/30/t20180130_27961961.shtml.

发—成果转化—产品化产业化"等基本环节。任何一个科技创新中心的科学研究和技术创新，最终都须不断衍生出新工艺、新产品，进而形成具有广泛影响力和竞争力的新产业，才能真正创造和实现价值。因此，科技创新中心强大的科学研究实力与巨大的技术创新投入支撑，往往使所在城市或地区形成具有突出优势特征的新兴主导产业，而这些城市或地区既有的产业能力则进一步为新的科学研究和技术创新提供广泛的应用场景。硅谷周边拥有英特尔、苹果、甲骨文、思科、脸书等160余家世界级企业，高校及科研院所的原创成果持续不断地输出、孵化，并最终被硅谷的企业吸收应用，形成产品，实现市场与技术的"无缝对接"。深圳的科技创新型企业超过3万家，其中国家级高新技术企业1.7万余家；同时，其完善的电子产业链、全球最大的电子市场等完备供应链，为创新链的产业化环节创造了灵活性、定制化、高灵敏的巨大应用场景，日益成为顶尖技术和创业团队的理想栖息地。

（四）构建一流的开放包容创新环境体系

科技创新中心之所以对创新资源具有吸引力，之所以能够激发巨大的创新活力，与其激励相容的体制机制创新、完善严格的知识产权保护、开放平等的创新创业氛围、广泛活跃的国际创新合作等软环境密不可分。支持促进创新的制度环境、营商环境、创新文化氛围等外部环境生态，是创新活力持续迸发不可或缺的"养分"。得益于《专利法》《商标法》《版权法》《拜杜法案》等一系列完善的知识产权法律及支持科技成果转化的政策，加之在长期发展中形成的鼓励变革、勇于冒险、宽容失败的创新文化氛围，美国硅谷形成了法律支持、社会包容的创新环境生态。而深圳积极搭建平台，营造链接全球创新资源的良好环境，着力实施海外创新中心计划，以科技企业为核心主体在全球范围配置创新资源，构建"政府＋市场"，涵盖源头技术、孵化加速、产业开发等全链条的国际科技创新合作生态圈，持续提升链接全球创新资源的能级，正在成为聚合世界级创新要素的"强磁场"。

二、成渝地区共建具有全国影响力的科技创新中心的战略重点

对标国内外科技创新中心先行城市和区域，结合自身发展基础与发展潜力，成渝地区建设具有全国影响力的科技创新中心应从以下几方面找准战略重

点，持续强化在科学研究、技术创新、产业发展、创新环境等方面的能力，真正担负起"带动全国高质量发展的重要增长极和新的动力源"的国家使命。

（一）协同打造科技创新的基础支撑体系

前沿的科学研究水平首先需要强大的科学装置与创新平台等基础设施体系。根据成渝地区的现实科技基础、科技发展优势和国家科技战略需求、辐射带动的战略使命等多维度考量，《成渝地区双城经济圈建设规划纲要》已确立建设综合性国家科学中心的战略目标。这将形成我国在华北、华东、华中、华南和西部地区布局综合性国家中心的合理完善体系，要求成渝地区加快建设不同功能层次的基础性平台和协同创新平台，强化科学研究的基础支撑，实现技术创新的平台驱动。一是以中国西部（成都）科学城、中国西部（重庆）科学城、中国（绵阳）科技城为主要承载区，以"一城多园"模式共建中国西部科学城，打造成渝绵"创新金三角"，建设原始创新的核心承载体。二是推动区内其他各级高新区、经开区、省级新区、高校和科研院所等创新节点载体协同参与西部科学城建设，推动建立成渝地区高新区联盟、大学科技园联盟、国际科技合作基地联盟、双创示范基地联盟等平台载体，打造若干特色鲜明、功能突出的科技创新基地和成果转化基地，形成"一核多区多园"的区域联动创新有机体系。三是以创新型城市创建或建设，以及毗邻地区联动发展为重要依托，推进建设一批区域共性技术协作创新平台。在此基础上，共同向国家争取重大科学装置和国家（重点）实验室、国家实验室基地、国家技术创新中心、国家综合性检验检测平台等科技平台落地布局；突出比较优势，联合向国家争取军民融合重大产业、平台、项目落地布局，深化军地科技资源开放共享；集中建设布局一批关键领域科技基础设施和一批科教基础设施，如省级科学院、省级产业创新研究院、省级重大实验室、省级前沿学科研究中心等；推动跨区、跨主体科技基础资源、大型科研仪器和工业设备共享共用，整合区内科技信息资源，实现跨区科技成果库、专家库、科普资源等信息资源互动共享；协同建设科技云服务、数字经济高端交流合作等科技平台，强化科技信息服务，拓展科技对外交流合作。

（二）协同打造科技创新的生态演化系统

如前所述，创新活动的核心"内质"是创新要素及其在创新链各环节的整合配置。科技人才、资金、技术、信息和科技基础设施是创新要素的核心构成，与此紧密关联的大学及科研院所、企业、政府、科技中介服务机构、金融机构、公众等不同主体，则共同构成协同创新的复杂系统。这些异质主体能否基于区域内共同的重大科技创新需求，抑或其他需要多个创新主体协同解决的科技难题，在共同目标指引下有效组织并形成共生共赢、动态进化的链式创新关系，决定着所在区域的科技创新活力与创新效能。这要求多元主体突破"点对点"的合作模式，以及从知识生产到产品化产业化的线性创新模式，在平等、协商基础上实现要素资源的相互依赖和交换，共同解决问题，分担成本风险，实现利益共生共享，从而产生非线性的系统性叠加效能。[①] 在创新链上的不同发展环节和阶段，不同创新主体所扮演的角色不同，基础研究阶段以政府为中心的创新协同治理模式、应用研究阶段的多中心并重协同治理模式，以及成果转化和产品化产业化阶段以企业为中心的创新协同治理模式，得到较为广泛的认同。在前述基础支撑体系的"硬件"支撑条件下，成渝地区科技创新要见效成势，须聚焦薄弱环节补齐短板，着力构建"政产学研金服用"的融合创新生态演化系统。

一是要主动把握全球创新地图变迁动态及趋势，分析成渝地区在全球创新链、产业链中的现状和潜能，积极创造条件主动链接人才、技术、资本等全球创新要素资源，深化探索"区内注册、海外孵化、全球经营"的双向离岸"柔性引才"模式，努力与硅谷等世界科技创新高地建立发达的人脉网络链接，推动高新区等创新节点及其产业集群、企业群体与全球创新要素资源建立有效链接，强化海外离岸项目创新与区内主导产业和关键技术需求深度互嵌，完善在岸创业支撑及产业链供应链配套体系。二是要围绕创新链不同环节聚力引育"头部""领军"型创新主体，培育协同整合的创新要素生态。积极争取和引进国际科技组织、知名高校、科研院所、顶尖孵化器、高能级全球专业服务机构

---

① 陈劲，阳银娟. 协同创新的理论基础与内涵 [J]. 科学学研究，2012（2）：161-164；刘丹，闫长乐. 协同创新网络结构与机理研究 [J]. 管理世界，2013（12）：1-4；叶伟巍，梅亮，李文，等. 协同创新的动态机制与激励政策——基于复杂系统理论视角 [J]. 管理世界，2014（6）：79-91.

等向成渝地区集聚，设立或共建分支机构、研究中心、实验室、技术转移中心等；靶向招引一批全球顶尖科技人才；精准引育壮大具有国际化视野、具有领先水平技术成果及核心自主知识产权、具有持续创新能力的创新型企业家群体；积极引进国际科创知名展会、重大风投峰会等会议、论坛，聚力打造提升创交会、菁蓉汇等自主科创品牌活动，广泛开展海外科创交流对接会（推介会）、海归专场闪投路演等活动，打造具有较强影响力和号召力的国际性科创交流合作平台，推动与全球高端创新机构建立长期战略合作。三是要坚持以重大科研项目为桥梁，以企业为主体，以市场为导向，强化"创新链＋产业链"的全链条深度融合的科技创新体系。发挥领军型创新人才带动作用，突出企业创新主体作用，探索孵育"事业单位＋公司制"、理事会制、会员制等多种新型运行机制的"政产学研金服用"创新创业共同体，打造一批集聚多元主体、加速要素流动、路径方向各具特色的融合创新型主体；围绕产学研融合创新、科技金融深度融合、科技成果转化及服务生态完善等薄弱领域，着力推动政策有效落地及持续改革创新，实现多元创新主体和要素在创新链、产业链各环节高效协同、共生共赢、动态进化的融合创新生态。

（三）协同打造科技创新的产业应用场景

要围绕产业链部署创新链，推动科技创新与产业创新深度融合聚点成链；与此同时，也要围绕创新链部署产业链，把科技创新落到产业发展上，发展科技含量高、市场竞争力强、带动作用大、经济效益好的战略性新兴产业。只有如此，才能真正在产业链上实现科技创新的高端价值，并在创新链上推动产业的全球价值链攀升。这无疑是科技创新真正的目标导向，也为创新驱动实现高质量发展指明了方向。从国家战略布局及自身发展优势来看，成渝地区负有不同层面的科技创新使命，从而也须对产业布局有不同层面和时序的考量。

一是要瞄准全球价值链中高端核心技术孵育原始创新，以技术先进性为导向，前瞻性组建产业链。如共同聚焦人工智能、量子科技、先进核能、航空航天、电子信息领域等全球引领性新技术领域，抢先布局、联合攻关，力争在有基础的领域实现重大创新；联合参与实施高分卫星、载人航天、大型飞机、长江上游生态环境修复等重大科技任务，积极争取融入国家科技创新战略；实施可替代技术产品供应链补链行动计划，推动龙头企业及产业链上下游企业共同体建立同准备份、降准备份攻关补链；建立完善高技术产品区域配套产业链，积极争创国家产业创新中心，实现科技创新与应用场景贯通互联，推动技术加速迭代更新与产业基础高级化良性互动。二是勾勒区域产业链全景，以产业链上技术短板为导向部署创新链。以经济区和行政区适度分离改革创新为牵引，打破产业布局的行政区划壁垒，协同聚焦新一代信息技术、人工智能、先进制造、汽（车）摩（托车）、仪器仪表、生物医药、现代农业、资源环境、新能源、新材料等关联度较高的重点优势产业领域，梳理绘制区域重点行业、重点产品的产业链全景图及补链强链延链项目库，明确各细分领域、细分环节的关键技术、核心人才、前沿机构及知名企业，精准引育整合资源，补齐建强延长产业创新链，加快建设万亿级特色产业集群、国家级战略性新兴产业集群及世界级产业集群。三是创造条件加快推进科技成果转化与产业化。围绕科学研究和产业发展特色优势，布局建设一批科技成果转移转化示范区，共同打造一体化技术交易市场，以国家科技重大专项成果转移转化试点示范为牵引，积极承接成渝地区创新创业成果转移，协同推进关键核心技术联合攻关和新兴产业前瞻布局，推动成渝地区产业转型升级和培育发展战略性新兴产业集群。

（四）协同打造科技创新的包容开放环境

优良的制度环境和文化氛围，是激发科技创新势能的"催化酶"。成渝地区建设具有全国影响力的科技创新中心，既须对标北京、上海、粤港澳大湾区等国内发达地区经验，积极探索新一轮更高层面、更深层次、更宽领域的科技体制改革和创新创业环境生态营造，更须拓展全球视野，深入对标国际指标，尤其是积极探索共建"一带一路"沿线科技创新合作区，构建开放的创新合作环境生态。

一是深化科技创新体制机制改革，持续推进技术要素市场化配置改革。深化职务科技成果产权制度改革，探索高校和科研院所职务科技成果国有资产管理新模式，支持高校专业化技术转移和知识产权管理运营机构建设，推动依托成渝两地高校打造环大学创新生态圈，加快科技成果转化和产业化。探索科研资金跨省市使用、重大科研项目揭榜制等项目和资金管理制度改革，推动建立成渝地区科技制度、政策异地共享。加快建立市场化、社会化的科研成果评价制度，打造成渝地区一体化技术市场，推动建立服务全国的川渝新技术新产品

（服务）采购平台，加快两地科技成果双向转移和外向拓展。二是创新科技创新投融资体制，提升科技金融服务能力。综合运用财政、金融等政策手段，加大对引进高水平研发机构和先进科技成果的支持力度，构建覆盖科技创新全过程的财政资金支持引导机制。合作共建跨区域科技创新投融资体系，探索创投基金、科创贷等多元化科技金融创新服务模式，以"小杠杆"撬动大资源，尤其是引导创投资金向早中期、初创期科技型企业倾斜，着力提升金融赋能科技创新发展的服务水平。三是强化知识产权保护体系，营造开放合作的国际科技创新环境。力争通过在区内设立知识产权法庭、共建知识产权快速协同保护机制等方式，强化知识产权行政执法和司法保护，以法治化建设推进高端知识产权要素向区内高度集聚和实现高效率市场化运营及与区域产业融合发展。对标世界银行和国家两个评价提升指标，进一步深化"放管服"改革，着力打造国际一流营商环境，以加强、保护、激发市场主体活力为核心目标，提供一揽子制度供给和定制化政策服务包，降低创新创业活动的各类制度性交易成本。着力破除创新要素跨境流动的机制障碍，便利人才、资金、技术、设备、数据、信息、产品等创新要素在跨境市场的自由流动，广泛吸引全球高端科研人员、创新团队、合作项目在川渝落地。围绕成渝地区重点优势领域，推动建立国别特别是欧洲和"一带一路"沿线国家联合实验室、联合研究中心、西部国际技术转移中心等科技创新合作、成果转化与技术转移平台，共同举办高规格国际科技交流合作活动，联合打造成渝地区国际科技合作枢纽高地。持续完善成渝地区人力资源协作机制，协同建立科技人才共育共引共用机制，力争在人才评价、外籍人才引进等方面先行先试创新，如成渝地区大学面向全球招生、引进国内外顶尖高校和科研机构在区内合作建设研究院和研发中心等；整合两地海外人才离岸创新创业基地等开放性平台资源，拓展海外站点（孵化器、创新中心），做实离岸基地服务支撑，共建离岸与在地深度互嵌的海外人才联合创新创业基地。

第五章

成渝地区共建具有全国影响力科技创新中心的重点任务

建设具有全国影响力科技创新中心是成渝地区新时代最有共识、最有优势、最富挑战的大战略，建成之后将有助于成渝地区打造西部地区高质量增长极，提升区域创新能力，推进城市发展形态迭代升级，并为融入长江经济带发展、"一带一路"建设等提供策源动能。

第一节　协同集聚高端创新资源，
强化科技创新策源功能

一、吸引集聚全球高端创新人力资源

（一）面向全球吸引集聚高端创新人力资源

习近平总书记在 2018 年的两院院士大会上强调，"创新之道，唯在得人。得人之要，必广其途以储之"[①]，由此可见，成渝地区多渠道集聚高端创新人力资源是构建全国有影响力科创中心的重要支撑。

一是高端创新人力资源相对欠缺倒逼成渝地区要加快招引和培育步伐。近年来，成渝地区双城经济圈在人才吸引集聚方面取得了一定的进展，但由于成渝地区在优质教育资源规模、城市及产业发展对高端人才的吸引力等方面与长三角地区、珠三角地区和京津冀地区相比还存在明显差距，在世界级人才、国家级人才、领军人才、优秀企业家、优秀年轻干部等的规模、质量和结构上还存在明显短板，不足以支撑成渝地区建设具有全国影响力的科技创新中心。如在教育部公布的全国首批 36 所 A 类世界一流大学建设高校中，成渝地区有 3 所，而京津冀地区有 10 所、长三角地区有 8 所；中国科学院和中国工程院官

---

①　向着建设世界科技强国的伟大目标奋勇前进！——习近平总书记在两院院士大会上的重要讲话引起强烈反响之一 ［EB/OL］. （2018－05－28） ［2021－04－20］. http://www.xinhuanet.com/politics/2018－05/28/c＿1122901728.htm.

网数据显示，截至 2020 年年底全国两院院士（不含外籍院士）共 1696 人，其中长三角地区的江苏和浙江两省共计 884 人，占全国的 52.1%①。据恒大研究院、智联招聘课题组和北京大学、伦敦大学等单位部分专家发布的"中国城市人才吸引力排名 2020"数据，全国最具人才吸引力的前 100 个城市中，排名前 10 的分别是上海、深圳、北京、广州、杭州、南京、成都、济南、苏州和天津，成渝地区只有成都市进入前 10，其余上榜城市分别为重庆（11 位）、绵阳（68 位）、眉山（76 位）、泸州（89 位）和宜宾（95 位）。除成都和重庆市以外，成渝地区其他地级市对人才的吸引力还较弱。

另外，根据《中国城市活力报告》对全国 100 个城市人力吸引力指数的排名，从 2019 和 2020 年度看，成都和重庆的排位没有变化，分列第 6 和第 8，但成渝地区除成都和重庆两市外的其他地级市排名都很靠后，2019 年度上榜的绵阳、南充、宜宾和乐山市分列 100 个城市中的第 71、第 74、第 79 和第 94。（见表 5-1）

表 5-1 2019 和 2020 年度排名前十的城市人口吸引力指数

2019 年度			所属城市群	2020 年度			所属城市群
排名	城市	人口吸引力指数		排名	城市	人口吸引力指数	
1	深圳市	10.109	珠三角	1	深圳市	9.420	珠三角
2	广州市	9.913	珠三角	2	广州市	9.228	珠三角
3	北京市	8.816	京津冀	3	东莞市	7.840	珠三角
4	东莞市	8.083	珠三角	4	北京市	7.644	京津冀
5	上海市	7.857	长三角	5	上海市	7.517	长三角
6	成都市	6.474	成渝	6	成都市	6.633	成渝
7	苏州市	6.284	长三角	7	苏州市	6.551	长三角
8	重庆市	5.623	成渝	8	重庆市	5.900	成渝
9	杭州市	5.384	长三角	9	杭州市	5.736	长三角
10	佛山市	5.286	珠三角	10	佛山市	5.243	珠三角

数据来源：《2019 年中国城市活力研究报告》和《2020 年中国城市活力研究报告》

---

① 数据来源：中国科学院官网，http://casad.cas.cn/ysxx2017/ysmdyjj/qtysmd_124280/；中国工程院官网，https://www.cae.cn/cae/html/main/col48/column_48_1.html。

　　为补齐高端创新人力资源相对不足的短板，解决制约成渝地区创新发展的瓶颈问题，自2016年中共中央印发《关于深化人才发展体制机制改革的意见》以来，成渝地区着力分类推进人才评价机制改革，出台招贤引才措施，取得了较好成绩。如四川省委印发并实施《中共四川省委　四川省人民政府关于深化人才发展体制机制改革　促进全面创新改革驱动转型发展的实施意见》（川委发〔2016〕10号），从"实行更具竞争力的人才吸引政策"到"更开放的外籍人才引进"等各方面做出了顶层设计；重庆市2018年出台《重庆市分类推进人才评价机制改革的实施方案》，从改进人才评价方式、健全人才评价服务体系及保障措施等层面提出了解决办法。在政策及资金的支持下，成渝地区集聚了更多高端创新人力资源，如成都市自2017年实行人才新政以来，全市获得永久居留身份证的外国人规模大幅度增加，已超过新政实施前13年的总数，出入境"十五条新政"吸引了更多外国留学生投身于成都的创新创业活动中。

　　二是多措并举广纳国内外高端创新人才。"不拒众流，方为江海"，成渝地区科技创新中心的建设不能关起门来做，而是需要聚四海之气、借八方之力，吸引人才、留住人才、培养人才，在激励机制、管理体制、环境营造等多方面实施改革举措。两地需要大力实施人才协同合作发展、科技创新人才体制改革、人才共育共引共用机制改革等，提升创新体系效能，着力激发创新活力。一方面，成渝地区顶层设计、协同设计引才聚才措施，对原有的人才发展体制机制进行再完善、再创新、再突破，形成与具有全国影响力科技创新中心相适应的科学规范、环境良好、运行高效的人才发展体系，将成渝地区打造成在西部地区甚至全国具有国际竞争比较优势、汇聚国内外一流科技创新人才的涵养和价值实现之地。另一方面，引培急需的高层次创新人才。创新引才方式，打造成渝地区双城经济圈招才引智品牌。两地联合开展创意策划和形象推介，提升区域知名度和影响力，结合培育优化人才发展环境等工程，推动更多的国内外高层次人才将关注"双城经济圈"的目光转化为奔向"双城经济圈"的行动。实施"科技人才入境计划"，广揽海内外创科精英，在"引进来"的同时，进一步改善人才成长和发挥作用的环境，建设文化氛围，厚植创新沃土。如对外籍高层次人才工作团队成员给予申办永久居留证自由；引导注册在区域内的各种创新型跨国公司总部、投资性公司和外资研发中心大力聘用世界著名高校毕业生来成渝地区工作；等等。

三是从国家层面寻求人才支持。首先，争取将成渝人才发展纳入成渝地区双城经济圈建设的重要内容、纳入国家人才发展战略或规划，并配之以相关的政策制度支撑，如在国家级人才计划中对成渝地区单列指标或适度倾斜；设立国家级人才管理改革试验区，全面创新人才发展支持政策，允许成渝地区在人才评价、科研项目管理、税收政策等方面推进改革。其次，争取从全国范围尤其是发达地区选派优秀年轻干部到区域内挂职任职；同时，也送出更多年轻人才到国家部委、东部地区、优质高校、高水平医疗机构、科研院所等交流锻炼，使其更快成长成熟；吸引或选派国内领军人才到成渝地区引领建设国家级实验室、大科学装置等。

四是实施科学高效的人才管理制度。首先是创新政策支持力度，改革完善各项管理制度。围绕"向用人主体放权，为人才松绑"的目标，出台系统性"增动力、添活力"新政策：发挥成都、重庆两大都市优势，协同构建高级别人才发展试验区；保障和落实用人单位的自主权，完善改进创新型科技人才培养模式和支持方式；促进人才在成渝区域内自由流动，鼓励人才下沉基层一线、乡村振兴和重点产业发展领域；创新科研人员和学术领导人的管理模式，完善职称评定、出国交流、学术兼职等相关政策。其次是创新"双创"人才激励制度。对科研成果使用、处置、收益等环节的管理制度进行改革优化，积极推行职务创新成果所有权改革；创新科技成果转化奖励机制，如对高校、科研院所等的科技成果转化收益，可在扣除直接费用后的净收入中，用更高比例的收益对个人和团队实施奖励；建立有利于科技成果转化的制度体系和工作机制，如在区域内设立科技成果转化联席会议制度、决策行为规范等。最后是优化人才发挥作用的软硬环境。一方面为人才发挥作用提供必要的技术支持和平台支撑；另一方面加强对创新成果所有权的保护，完善政府购买科技服务政策，试点社会力量举办外籍人员子女学校等。

（二）成渝共营人才协同发挥作用的良好环境

一是以深化合作支撑人才协同发挥作用。首先，深化校院企地战略合作。推动区域内高校资源共享和优势互补，发挥2020年5月成立的"成渝地区双城经济圈高校联盟"的作用，在队伍建设、人才引育、科学研究、资源共享等多方面开展深度合作。改革高精尖缺等类别的工程人才和中青年学术技术带头人培养模式，推动区域内校企联合招生、专技人才定向培育和创新创业体系建设、科技协同创新等高等工程教育综合改革的前沿探索，构筑成渝地区高校多层次人才培养和基础研究、应用基础研究支撑体系。紧扣两地产业发展需要，签订一批校院企地项目合作协议，落地一批产业研究院、院士专家工作站、博士后创新实践基地等平台；办好"院士专家成渝行"等专题对接会和实地考察调研活动，推动落地一批合作项目。其次，深化科研院所合作，推动共建国家重点实验室、国家地方联合工程，联手开展跨区域、跨学科、跨领域协作攻关，集中攻克一批迫切需要解决的核心关键技术难题，联手营造良好的创新生态。再次，畅通成渝地区科研成果"供给侧"与创新技术"需求侧"合作路径，相互开放科技创新基地、科研仪器设备、科技文献，协同推进科技成果转化，提高科技资源利用效率，发挥科技资源的外溢效应，培育创新"参天大树"和"茂密森林"。此外，深化产业园区合作，探索成渝地区高新区、经开区、试验区、功能区等资源的多元联动机制，以产业集群催生人才聚集，依靠人才优势支撑产业发展。健全互联共享的企业和人才的信用信息库和诚信管理制度，促进企业之间公平竞争，帮助企业纾难解困，让智力资源物尽其用，以研发能力和产品质量给客户吃下"定心丸"。通过共建科技成果转移转化高地，共同培育新技术新业态新模式，加快科研成果从样品到产品、从产品到商品的转化，推动成渝地区双城经济圈形成先进制造业、现代服务业、战略性新兴产业协同发展的现代化经济体系。

二是以协同机制构建成渝地区人才市场服务体系。首先，推进人才服务平台建设等。探索高层次人才共引共育共享路径，提供支持人才协同发挥作用的专项资金或政策制度、共创国家级人才管理改革试验区，进一步优化人才评价、科研项目管理、外籍人才准入等各项制度。其次，细化成渝地区双城经济圈人才战略协同机制，制定协同的人才引进、管理、激励等制度政策，落实《成渝地区双城经济圈人才协同发展战略合作框架协议》，积极推进人事人才政策互认，为人才协同发挥作用营造优良制度环境；协同制定推动区域间人才良性互动合作长期战略、人才发展与培养的主体性制度，协调完善区域人才引进、培养、配置、使用、激励与保障等配套性举措，联手拓展急需紧缺人才开发领域和青年人才储备，避免招才引智的无序性和盲目性。再次，畅通成渝地区人才流动渠道。清理"行政边界""层级边界"分割带来的障碍，创造更充分、更高质量流动机会，在引人、用人、育人方面向市场主体还权，鼓励人才资源的合作共享，形成既相互流动又兼顾互补性和特殊性的人才圈层，促进人才梯队层次充沛，让各类人才在成渝地区能够"流得出、进得来，留得住、回得去"，保障他们创业有机会、干事有舞台、发展有空间、社会有地位，科学用人、合理用人和高效用人。此外，建设运行人才资源共享平台，建立专家资源人才库，充实专家资源共享平台，分设经济类、科技类、文教类、医疗类、环保类等多元专家库，实现专家资源与区域科创产业融合、基础设施联通、生态环保共治、公共卫生风险防控、应急物资保障体系建设等方面需求有效对接。

三是落实落地人才协议，争取国家支持，促进人才协同使用。首先，围绕推动成渝地区双城经济圈建设战略，积极参与成渝地区人才一体化发展，推动建立区域一体化人才评价标准，推动区域社会保险互联互通、教育资源合理共享；深化"天府英才荟"合作，加强招才引智，共同打响招才品牌；大力办好蓉城专家进重庆、重庆专家进蓉城等人才活动，推动两地人才交流。其次，建议国家制订人才计划成渝地区清单，支持成渝地区共建海外人才联合创新创业基地。再次，加强国际人才一站式综合服务平台建设。进一步优化国际人才引进与服务工作，优化成都、重庆国际人才发展服务环境。此外，大力推进人才项目建设。以人才项目为抓手，建立完善定期洽谈、投资跟踪、协作联动等工作机制；借助成渝两地专家联谊会等平台"走出去"，在全国专家联谊会、长三角和珠三角等地区专家联谊会中广泛宣传推荐，建立深度合作关系，共同引进一批在全国有影响力的高端项目和高端人才。如成都天府软件园与重庆永川大数据产业园签订战略合作协议，强强联手，擘画成渝地区大数据产业未来。双方充分利用各自人才资源，建立集人才引进、培训、交流、供给于一体的人才培育交流平台，共同开展跨区域、多层次的高水平学术交流活动和专题论坛，组建高水平创新团队携项目参加各种路演和创新创业大赛，在北美、欧洲、亚洲等地区扩展国际人才引进渠道，形成人才集聚与产业升级的良性互动、深度融合，不仅做大做强行业龙头企业，同时带动众多中小微企业如雨后春笋般崛起，实现产业补链成群、资源相互配套，推动成渝地区数字经济合作走深走实。成渝地区可进一步复制推广这类做法，多出合作精品项目，协同用好用足人才资源。

二、协同建设高端创新支撑平台

（一）提升高校和科研院所跨区域协同发展水平

一是积极布局建设国际教育示范区，优化合作办学举措。首先是争取引进世界一流大学、科研院所、研究机构等到成渝地区设立分校、分支机构，积极布局建设一流大学和一流学科，大力挖掘电子科技大学等高校的理工类人才优势，积淀高端制造业人力资源。鼓励在省域副中心城市配置一定数量的大学，支持相关城市培育适应地方需求的院所，创新机制建设一批产业研究院和科研中心，加快副中心城市壮大。其次是积极推进成渝两地高校加强合作，协同共建实验室、研究中心等平台，打造全国一流学科，建设网络化、平台式的大学组织管理体系，培养更多复合型、跨学科的人才，形成开放式大学与网络化社会互动的机制以及共生共享的生态体系。再次是加强职业教育方面的合作，培育优质产业人才队伍。在招生就业、师生交流、培养模式、技能竞赛等方面加强合作与交流，与长三角、京津冀等地区加强合作，实现各类职业教育实训基地的拓展和互补，共建一批特色职业教育园区。

二是推进高校及科研院所跨区域协同发展。首先要统筹布局、明确导向，建立利于协同发展的政策体系，为高校和科研院所合作联动发展提供简明、清晰、权威的支持体系。在总体规划、政策保障和经费支持三个关键点上发力，通过制度设计、规划引领、经费保障、引导评估等手段推进高校及科研院所合作联动发展，实现科技创新要素资源在区域内更自由流动和更高效配置。其次是建立成渝高等教育和科研的区域质量保障体系。如争取国家支持，联合争取国家科技创新政策在成渝地区先行先试，争取更多国家重大科研基础设施、前沿科学中心等落地，争取中国科学院、中国工程院等高级别院所来成渝地区设立更多分支机构等。建立可识别和验证技能的职业资格互认框架。成渝地区高等教育和科研院所资源比较丰富，但合作规模小、层次低，目前建立的互认共享机制大多局限在行政区划内部。建议制定实施"成渝地区高校和科研院所跨区合作联动发展框架"，利用目前四川大学和重庆大学牵头成立的"成渝地区双城经济圈高校联盟"，在学位体系、学分转换体系、师生和学术人员流动、教育及科研质量保障等方面加强合作，消除制度壁垒、整合优势资源、促进要素自由流动。① 再如构建科学合理的标准和评估机制。从多维度、多指标设定资源共享、身份互认、学分互通互修及转化与认定、课程及平台开放、人员流动、科研合作等方面的评估标准，组织专业评估，分析合作联动发展及评估合作联动发展进程对整个成渝地区的贡献。再次是探索具体落实的措施和保障机制。如制定实施课程学习和实习实训成果互认框架、科研人员联合攻关区域重大问题合作机制、高校教师实践培训与支持帮扶活动、高校管理人员跨校交流与轮岗学习制度等。定期召开教育行政部门之间的协作会议，将意见性政策和战略规划具体落实；区域内部试行跨省区办学，区域内高校共建联合实验室、转化基地，区域内高校建设联合学位等；设立教科一体化领导小组、秘书处等机构保障工作的常态运行。再如支持设立国家级高等教育改革示范区；支持中央驻成渝地区科研院所管理制度改革，赋予其更大管理权限，深入推进职务科技成果所有权或长期使用权改革，激发各主体创新活力。②

（二）推动卓越创新机构和创新平台跨区域协同建设

一是建设新型卓越创新研发机构和各类创新平台。首先是联合建设新型卓越创新研发机构，吸引新型研发机构入驻。重点是在一些关键领域布局或调整组建新型研究机构，建设省级科学院、省级产业创新研究院、省级重大实验室（遴选关键领域方向、人才队伍基础好、创新潜力大的实验室）、省级前沿学科研究中心、各类产业技术创新联盟或研究推广机构等。其次是联合构建各种创新平台。如联合共建科技成果转移转化平台。围绕成渝地区双城经济圈布局建设一批科技成果转移转化示范区，推动成渝地区培育发展轨道交通、生物医药和节能环保等战略性新兴产业集群。支持高校专业化技术转移和知识产权管理运营机构建设，推动依托两地高校打造环大学创新生态圈。深化用好原有基础，成德绵国家科技成果转移转化示范区加快建设及深化运用，抓好四川重大新药创制国家科技重大专项成果转移转化试点示范工作。结合川渝科技和资源优势，强强联合或优势互补，整合创新平台资源，探索跨地域科技创新平台协同机制，对接国家重大科技创新平台布局战略，共同创建国家级科技创新平

① 如何推动成渝地区高等教育协同发展［N］. 成都日报，2021-01-13（07）.
② 陈涛，唐教成. 高等教育集群式思维：推动成渝区域创新一体化［N］. 成都日报，2021-01-13（07）.

台。再如合作共建国际合作交流平台。推动与重点国别特别是"一带一路"沿线国家科技创新合作，在人工智能、生物医药、装备制造、信息技术、现代农业等领域，建设一批国际联合实验室和联合研究中心，联合打造"一带一路"西部科技创新枢纽。

二是合作共建海外创新中心和共办示范基地。首先是合作共建海外创新中心。瞄准全球创新活跃地区，积极布局海外创新中心建设，依托这些创新中心在当地的资源，既可实现对国际创新型高端人才、产业项目等的引进，又可充分利用更多的创新资源和金融资源等。如积极推进中国—欧洲中心、西部国际技术转移中心等技术转移中心建设，携手重庆共建"一带一路"科技创新合作区和国际技术转移中心，推动建立成渝地区国际科技合作基地联盟。其次是共享国际创新合作平台、国（境）外人才和智力资源，吸引全球科研人员、创新团队、合作项目在川渝落地。再次是加强两地跨区域科技孵化和"双创"合作，协同建设国家级科技成果孵化基地、双创示范基地等，搭建区域间的孵化创新交互平台，促进双创人才和科技金融等创新资源在区域之间自由流动，推动川渝孵化服务能力和服务水平快速提升，共同打造成渝地区"双创"升级版，充分发挥孵化载体对区域创新能力发展和经济高质量发展的促进作用。

第二节　协同布局创新链产业链，培育世界先进制造业集群

一、强化赋能兴业，实现创新链产业链区域协同

（一）将科技创新与做强优势产业紧密结合

一是紧紧围绕产业需求布局科技创新。坚持企业主体、市场导向、政产学研深度融合的科技创新体系，建设产业创新高地，推动成渝地区有条件的企业组建面向行业共性基础技术、前沿引领技术开发的研究院，推动创新型领军企业联合行业上下游组建创新联合体。推动高校、科研机构和企业共建联合实验室或新型研发机构，共同承担科技项目，共享科技成果。聚焦战略性新兴产业和未来产业需求，整合成渝地区及国内外创新资源，力争突破重点产业和新兴

产业发展的技术瓶颈。推动建设西南特色作物种质资源库、西部农业人工智能技术创新中心、国家现代西部农业科技创新中心等，共建国家农业高新技术产业示范区。在长江经济带生态环境保护及区域内大气、水、土壤污染联防联控技术研发方面加强合作，推进集成示范，有效增强建设良好生态环境的科技支撑能力，在长江经济带国家战略布局中贡献科技力量。

二是全面挖掘产业发展动力源，将科技创新、开放牵引等支撑要素全面协同集成于产业体系建设中，进一步做大做强特色优势产业、培育新产业新业态。首先是做好产业发展共性和关键性技术攻关。在解决跨行业、跨领域的关键共性技术上取得突破，做好产业基础高级化、产业链现代化的科技攻关。得益于国家布局，成渝两地具有较为系统的科研体系，整合好、运用好这一基础十分重要，特别是在产业基础再造背景下，为攻坚突破新能源汽车、电子信息、水电装备制造等领域核心技术瓶颈提供了条件。聚焦提升协同创新能力，共同争取一批大科学装置和重点实验室，协同突破一批重大关键核心技术并推动两地共享，争取国家科技研发平台、产业转化项目布局，在共建西部科学城的基础上打造成渝创新走廊，着力推动创新驱动、体制改革、平台建设取得实质性突破，发挥成渝在航天航空等高端产业上的优势。争取国家投入和央企布局，进一步深化四川省"5+1"①现代产业体系建设，持续提升产业链供应链现代化水平，为产业腾飞蓄势聚能。其次是挖掘文化资源，着力提升"川渝号"特色文化内涵，打造巴蜀文化旅游走廊，为科技创新添色。特色产业是一个地方的标志性符号，需要长期积淀形成，巴黎的香水、米兰的时装就是典型的例子，而成渝地区的美食，如"火锅"这一特殊名片，产品虽小，产业却很大。成渝地区建设现代产业体系，要深耕培育一批传统特色产业，比如以火锅为元素的特色餐饮业、以熊猫为题材的文化创意业，打造深植巴蜀文化沃土、具有全球影响力的特色产品和产业。再次是狠抓新产业新业态发展。坚持抓龙头、铸链条、建集群、强配套，推动成渝共建国家数字经济创新发展示范区，支持成都大力发展新经济培育新动能，打造世界软件名城，加快发展IPv6、5G、数字终端等下一代信息网络产业，加快培育工业互联网平台，大力实施

---

① "5+1"现代产业包括：电子信息、装备制造、食品饮料、先进材料、能源化工五个万亿级支柱产业和数字经济。

"企业上云"行动,推动数字产业链式聚集和联动发展,牵引带动产业的数字化、网络化、智能化转型。

(二)推动产业分工协作与合理布局

一是推动产业分工协作与合理布局。首先是在强强领域争创国家平台,形成共同优势。产业同构虽然加剧了区域内部竞争,却有利于产业创新的强强联合,特别是国家创新平台的创建。如基于川渝的工业大数据创新中心争创国家制造业创新中心,整合四川的信息技术领域与重庆的工业制造领域"双一流"学科、国家重点实验室等国家级资源,响应"汇聚全国范围内各类创新主体,并覆盖50%以上本领域的国家级创新平台"的省级平台升级国家级平台的硬性要求,打造贯穿整个川渝产业链的创新体系。其次是做特"异",在差异领域助力产业分工,形成区域特色。在部分领域基于川(成)渝创新基础布局调整产业链分工。如在医药制造、电子设备制造、汽车制造业等两地研发基础差异较大的领域,统筹构建川(成)渝一体化的科技研发基地—创业孵化基地—产业发展基地的产业错位发展布局。在行业创新资源相对丰厚的地区集聚两地创新资源,重点承担行业技术创新,发挥创新辐射作用;在制造业基础扎实的地区重点搭建完善的产业化基地;成都与重庆之外的中间区域发挥空间和成本优势,建设新创企业孵化基地,承接创新成果的创业孵化及产业的转移,并保障新型产业发展的空间需求。

二是推动重点产业协同高质量发展,建立协同共享机制。首先是推动重点产业协同合作。如汽(车)摩(托车)、电子信息等制造业之间的合作。在汽(车)摩(托车)产业领域,需协同推进整车研发设计、检测服务平台建设等,做大做强这些传统优势产业,争取打造出世界级汽车产业研发制造基地;在电子信息及未来新产业领域,需协同推进关键技术攻关与高端产品制造,如核心器件、集成电路等,打造智能制造和电子信息产业集群,进而推动西部人工智能产业高地建设;在数字经济方面,积极打造数字经济创新发展试验区。整合资源协同布局数据中心,共享共建区域性大型基础数据库和数据中心。其次是建立完善成渝地区产业协同发展的协调、协作机制,实现利益的协同共享。如通过协调、磋商,研究产业规划的协同布局、协调推进重大产业项目、共商产业配套及服务一体化等事项;引导市(区、县)、开发区及企业等建立多层次合作机制；建立健全产业协同政策和利益分享机制。相关各方共同协商并建立优化 GDP 分计、税收分享等机制，推进企业资质互通互认制度；建立合建园区、"飞地园区"的利益分享机制；共同商议制定税收返还、专项奖补、土地租金等优惠政策，区域内的对外招商引资等政策要大体一致，尽量消除区域内的地方差异。借鉴长三角地区等的先进经验，成渝地区共建产业发展专项基金，共同成立产业协同发展基金，用于支持产业发展、产业转移、承接和结构升级。[①]

三是打造现代服务业优势集群，为其他产业发展提供支撑。首先是协同打造现代物流产业集群，利用重庆、成都两极打造国家级物流枢纽，发挥对其余市（区、县）的引领作用；在万州、涪陵、江津、永川、遂宁、泸州、自贡、内江、南充等具有交通比较优势的地区建立商贸物流基地。成渝协同引进国际国内物流龙头企业、综合物流服务集成商，推动绿色物流、智慧物流、物流总部经济、航运衍生服务等高端业态发展。其次是成渝共建大健康产业集群，合作发展高端医疗服务业。成都市和重庆市已分别出台促进健康服务业高质量发展的系列政策，鼓励和支持科技创新、科研平台建设、科技成果成果转化等。成渝两地还需依托科研院所、华西医院等医疗资源，在科技创新、配套材料产业基地建设方面进一步深化合作，打造现代生物医药产业集群。

二、围绕产业链布局创新链，培育世界先进制造业集群

（一）围绕产业链布局创新链，深化校院企地协同创新

一是形成完整创新链，补齐产业链中的科技创新"断点"。根据成渝地区多元化、绿色化、智能化、高端化的产业转型升级需求，在产业补链、延链中植入科创成果，在产业强链、提链中加大创新力度，将相关创新主体用产业链串起来，形成完整创新链条，实现从知识创新、技术研发到成果转化和批量生产；依托创新链突破产业发展提质的技术瓶颈，依托创新增强产品的市场竞争力，疏通产业链中的创新"断点"、补齐创新短板；在创新链与产业链协同中，

---

① 易小光. 大力推动产业分工协作 建设成渝地区双城经济圈现代化产业体系［EB/OL］.（2020－07－04）［2021－06－25］. https://www.fx361.com/page/2020/0704/6830610.shtml.

提供包括资本融通、实践基地和成果转化平台等在内的支持服务，实现创新成果价值提升和产业链的高附加值，提升产业发展水平、国内外竞争力及在价值链中的位置。

二是促进创新链与产业链精准对接。首先，需要打通阻碍科技成果产业化的"堵点"，疏通应用研究融入产业发展的通道，实现创新链与产业链的精准对接。其次，推动产业与创新深度融合。瞄准高水平科研成果和尖端技术与市场的对接，全力构建连接长三角地区、京津冀地区、粤港澳大湾区等的技术转移服务体系，贯通成渝地区双城经济圈内部的转移通道。高校运作包括科技成果展示交易中心在内的各类专业化技术转移服务机构，所有地级市均设立常设技术市场和技术合同登记站点等。站在培育世界级先进制造业集群高度，推动校、院（所）、企、地协同创新，形成以企业为主体、高等院校和科研院所为依托、市场导向、政府和社会齐参与的创新合作格局。高等院校和科研机构既要帮助培育科技人才，实现科研项目合作，还要面向企业创新提供服务，更多地参与市场共性技术开发、产业发展规划。支持建立成渝地区技术交易市场联盟，以满足企业需求为目的探索建立财政科技成果共享利用机制，探索建立企业需求联合发布机制，支持全球科技创新成果在成渝地区转化。注重产教研协同，在产学研深度融合中打通科技创新推动产业发展的渠道。一方面，加快"双一流"高校建设、一流学科建设；另一方面，遵循集群思维，通过高校和学科建设集聚国内外高端人才，人才集聚又反过来促进教育结构优化升级，形成良性循环并引领产业发展。例如，成都可依托电子科技大学，发挥其在电子信息、软件等产业方面的研发优势，集聚具有校企"双重身份"的教研专家，成立研发团队，围绕产业需求公关，实现科研成果转换的同时鼓励他们把研究内容转化为教学内容，建立校企联合育人机制。再次，探索群地结对联动，促进要素向周边地区流动。根据区域资源禀赋和产业发展需要，实施"靶向"性创新成果输出运用，让周边市（区、县）能充分承接成都和重庆两个大城市集群的知识和技术外溢。利用"产业供应链"思路，探索建立高等教育集群和成渝地区结对联动工作模式。此外，创新集聚促进城市发展一体化。进一步实施"双一流"大学和科研院所共建工程，探索校（院）地企合作驱动城市发展模式。由高水平大学和科研院所集聚集群式发展释放创新溢出效应，实现创新与城市之间"多核多中心"驱动，高水平大学及科研院所嵌入核心城市链中，担当区域创新发展的引擎，发挥其提升区域发展质量和公共性的服务功能，以知识溢出和人才培养为动力，实现双核驱动区域创新。

三是依托高能级创新平台，增强科技创新源头供给能力。首先是围绕产业发展需求增强科技创新源头供给。围绕成渝地区重点产业领域的重点产业布局，以问题为导向，以需求为牵引，做好相关产业领域核心技术的需求分析，制定制度和规划进行引导，优化体系设计，形成更有针对性的创新平台系统布局和安排。其次是完善政府对创新平台建设的宏观调控机制和各部门之间的协作机制，建立由相关部门、专家顾问、依托单位等组成的平台建设联席会议制度，对平台建设进行总体协调和规划建设，从而形成结构合理、运转高效的平台体系。成渝地区协同共建中国西部（成都）科学城，按照"一核四区"功能分区，协作共建"一带一路"科技创新合作区和国际技术转移中心；协作共建高能级创新平台，支持高校院所和龙头企业在生命科学、人工智能、都市现代农业等领域开展基础性、战略性、前沿性的关键共性技术研究，争取国家重点实验室、国家级创新中心等高水平科研平台入驻布局。围绕全产业链的创新及技术需求，加快引进一批引领产业发展的创新平台，打造从新产品探索到量产上市全周期的公共创新服务平台体系。支持本地企业牵头组建产学研协同创新平台，构建科技成果中试、应用、转化的创新闭环，提升研发成果转化效益。

（二）打造全产业创新链，培育先进制造业集群

成渝地区双城经济圈要瞄准未来产业竞争力制高点，聚焦智能产业、数字经济、智能装备、新能源汽车、都市休闲或艺术产业等特色主导产业，以打造承载新型产业集群发展的高能级平台为目标，推动资源共享、团队共建，联合精准攻克一批制约产业发展的核心技术难题，用新技术和新成果打造产业发展新业态新模式。着力构建集科研、孵化、加速、总部、产业基地等为一体的全链条式科创产业集群，坚持特色化、专业化、协同化发展，以成渝综合性国家科学中心、西部科学城等孵化载体，形成全链式专精化产业平台和承载多元、链式互补的高质量科创产业生态体系。

一是加强产业规划引领，依托比较优势，打造具有区域特色的先进制造业集群。在确定高端引领、龙头带动、做优生态、集约集聚等基本原则的同时，明确战略性新兴产业集群的发展目标，综合考虑成渝地区产业发展的基础与潜

力、产业的影响力与竞争力、产业的集群化特征，建议将集成电路、新型显示、通信设备、航空航天专用装备、智能制造装备（如 3D 打印、智能仪器仪表）、轨道交通装备、新能源汽车、生物医药和新型医疗器械、现代中药等作为重点产业集群培育，通过实施"补链成群、迈向高端"的产业战略，加强成渝地区技术研发、产品制造、应用部署等环节的统筹衔接，形成产业链联动机制，构建先进制造业产业体系。同时，围绕这些主导方向，支持建立若干先进制造技术卓越创新中心（或产业技术创新研究院），专门开展先进制造技术的研发和供给。

着眼于培育世界级产业集群，推动成渝地区的航空、重型装备等战略性产业不断提升影响力和竞争力，电子信息、汽车制造等产业集群不断提升在产业价值链中的地位和影响力，节能环保、新材料、生物医药等产业不断扩大规模和提高水平，力争打造成具有国内一流水平的产业集群；成渝协同布局人工智能、智能制造等新兴产业，培育一批省（市）级战略性新兴产业集群，探索形成具有区域特色的"链式整合、园区支撑、集群带动、协同发展"的先进制造业产业集群发展新路径。

二是强化政策激励，鼓励企业创新，以创新引领和支撑产业发展，培育一批行业创新龙头企业。针对优势产业集群，筛选出一批经济效益好、发展前景优的企业进行重点扶持。首先，提升企业科技创新能力。通过科技专项资金支持企业攻克产业关键核心技术和行业共性技术，加速科技成果产业化。其次，支持龙头企业实施品牌战略，增强企业品牌竞争力。鼓励并支持企业申报省级、国家级的名牌产品、著名商标、驰名商标等，扶持重点培育企业提高商标创造、管理和保护的能力。建设以企业为主体、主导产业为特色的产业园，衍生或吸引更多相关行业企业集聚。最后，引导、扶持重点培育企业积极参与国际、国家、行业、地方标准的制定和修订工作，扩大产业标准话语权，巩固产业优势地位。

三是延长科技创新服务链，延伸集群产业链，构建高校智库链和成果转化链。首先，着眼于强健产业链、优化价值链，持续推动企业、社会资本投资建设创新创业平台，完善科技创新全链条式服务。提升产业集群的链条整合能力，强化园区承载能力，积极探索"产业园区＋创新孵化器＋产业基金＋产业联盟"一体化推进模式，全面提升园区产品认证、检验检测、成果推广、知识产权服务等综合公共服务能力。推动新一代信息技术、生物医药、高端装备等产业集群延伸产业链，利用"人工智能"赋能提升产业链综合竞争力。其次，打造高校智库链，围绕企业技术瓶颈及新产品研发，与高校院所开展产学研合作。形成成果转化链，建立高新技术企业培育机制，每年遴选一定数量科技含量高、发展潜力大的科技型企业入库培育。完善以增加知识价值为导向的分配政策，对企业科技创新进行奖励和补助。

四是加快建立开放型经济新体制，提升集群对外开放合作水平。抓住机遇，通过引导资金尤其是外资更多投向先进制造业，鼓励跨国公司和国内顶尖企业设立区域总部、研发中心等功能性机构等措施，提升产业对外开放合作力度。一方面，制定承接东部产业转移规划，探索产业转移合作模式，比如鼓励成渝地区省级以上产业园区采取"园中园模式""援建模式""股份合作模式"等与东部省份共建产业合作园区。另一方面，以长江经济带建设与全面融入"一带一路"建设为契机，加强与长江沿线省份的合作，共同打造电子信息、高端装备、汽车产业集群；积极与国内优势企业抱团发展，在"一带一路"沿线开拓国际市场。

第三节　协同织密创新网络，加快推进创新共同体建设

一、按照"一城多园"模式协同共建西部科学城

（一）协同提升成渝地区地方性科学城竞争力

在提出"西部科学城"以前，成渝两地分别规划建设了地方性科学城。成都科学城于 2016 年开工建设；重庆科学城于 2018 年宣布建设。但随着 2020 年成渝地区双城经济圈建设战略的提出，成渝地区多部门开始频繁互动，一系列合作意向、规划纷纷出台。因此，以西部科学城为重要载体和主要抓手打造科技创新中心的定位付诸实施后，成渝两地需要协同提升原地方性科学城竞争力，以此为基础协力攻坚全国综合性科学研究中心。

一是在成渝地区设立国家级"高等教育改革示范区"，协力招引国内外知名高校到成渝地区设立分校，发挥地方性科学城的主导作用，协同共建"一流

大学、一流学科"。支持中央驻成渝地区科研院所管理体制改革，赋予这些科研院所更大的管理权限，深入开展职务科技成果所有权或长期使用权改革；制订高端人才计划，共建海外人才联合创新创业基地。制定实施两地科学城专项人才政策，聚焦科学城创新发展战略和成都、重庆产业发展重大需求，以重大科技项目、载体为依托，引聚全球顶尖创新人才（团队），培育高层次创新人才（团队），为科学城建设提供具有全球影响力的创新人才。

二是着力解决城市内在动力与高能级极核要求的结构性矛盾，转变对投资和要素聚集的依赖，转而依靠科技创新能力和产品覆盖能力。分别立足成都和重庆创新资源优势和城市发展战略，实现地方性科学城有序发展、互补发展。对接国家战略和区域发展重大需求，加强基础研究和源头创新，依托中科院科研中心、四川大学、重庆大学等院所，加快推动重大科技基础设施、重大科技创新平台建设。

三是利用科学城开展技术协作攻关，弥补区域发展的创新成果供给短板。在两地地方性科学城建设一批国家级重点实验室、产业创新中心、工程研究中心及制造业创新中心等支撑平台，积极争取立项更多"国家科技创新2030"项目。深化国际交流合作。成渝地区协同区域资源，积极与国际研究机构、高校等举行科技交流大会，共建共享与国际接轨的各项科创数据专用通道，如中新国际互联网数据专用通道，协同推进与国外的互联互通项目，推进西部陆海新通道建设；依托国家"一带一路"倡议，与沿线国家加强科技创新交流与合作，推动科技成果转化。

四是建设高品质科创空间，健全科技创新要素供给与流动机制，营造创新要素自由流动、开放共享、融合共生的生态环境，引导优质创新创业要素资源向科学城集聚。把握新一轮科技革命和产业变革新趋势，围绕区域产业重点领域，依托产业功能区，构建具有国际竞争力的产业生态圈、创新生态链，推动新一代信息技术、生物医药、智能制造等重点产业加速迈向产业链高端和价值链核心。同时，坚持国际视野，对标最高水平，完善成渝两地科学城科研、生产设施配套和生活服务条件，全力营造有利于国内国际人才创新创业的良好环境和鼓励集体智力应用的创意氛围。

总之，科学城不只是建新城，一定要在项目落地、科技企业成长、政务服务提效、引智环境优化等方面走在全国乃至世界前列。

(二)"一城多园"模式打造"西部科学城"支撑性载体

"一城多园"中的"一城"指的是西部科学城,"多园"指的是成渝地区的国家高新区、国家级和省级新区等创新资源集聚载体。合作共建西部科学城是成渝地区协同推进区域创新共同体建设的重大举措,对于充分利用区域科技创新资源进而形成西部地区高质量发展增长极具有现实意义。

一是突出区域优势,打造多个创新极核,优化布局创新能力,带动参与西部科学城建设。首先是优化空间布局,突出区域优势,打造"成—德—眉—资"同城化和重庆创新极核、成渝高速沿线科技创新走廊、"成—德—绵—乐"和重庆沿江城市的长江上游绿色创新发展带。同时依托成都和重庆原有地方性科学城,布局大科学装置和空天技术、网络空间安全、农业绿色发展等重点实验室。其次是建立多个科创联盟,打造多个创新中心,共同参与科学城建设。如建立高新区联盟、科技园联盟、创新基地联盟、国际合作基地联盟和双创示范基地联盟等,统筹科研院所、企业等创新主体力量,创建空天技术等国家(重点)实验室,加快培育高水平技术创新中心、制造业创新中心等多个创新中心,依托这些联盟和创新中心,带动区域内创新资源参与科学城建设。同时,围绕成渝地区创建国家农业高新技术产业示范区,建设一批国家高新区、农业科技园区、创新型城市和创新型县(市)。再次是优化创新能力布局,在基地选择、创新中心布局等空间分布上共商共建,发挥凝聚带动作用。带动成渝两地的各个国家自主创新示范区、高新技术产业开发区、经济技术开发区、攀西创新开发试验区、省级新区等创新极核参与西部科学城建设,借助各地若干特色鲜明、功能突出的创新基地,深化政产学研用融合,鼓励支持行业龙头企业、高新技术企业、科技型中小企业等协同创新,在科技基础资源、大型科研仪器和工业设备方面构建完善共享共用机制,构建产业创新共同体。

二是积极争取国家支持,从顶层设计明确分工和建设目标。明确成渝地区双城经济圈的科技创新中心地位,明确科技创新中心在全国的分工布局、明确西部科学城的发展目标和建设重点,全面加强科技创新中心重大设施布局和重大项目建设;根据成渝地区创新优势和特色,在空间布局上明确构建"一心双核"(科技创新中心、成都和重庆主城区两个极核)空间布局格局,在重点领域突出国防科技工业领域的原始和应用自主创新、电子信息产业领域的自主应用创新、重大装备制造领域的自主研发和应用创新、传统优势特色产业的改造提升和独创性创新、生态建设和环境保护领域的科技创新等。

三是在成都、重庆分别布局建设综合性国家科学中心，以"一城多园"模式合作共建中国西部科学城。以成渝地区前期已有一定基础的科学城，如中国西部（成都）科学城、西部（重庆）科学城、中国（绵阳）科技城等为主要承载区，打造成渝绵"创新金三角"。重庆方面，主要是在重庆高新区的基础上，建设中国西部（重庆）科学城。四川方面，重点推进中国西部（成都）科学城、中国（绵阳）科技城建设。中国西部（成都）科学城按照"一核四区"功能布局，其中"一核"指的是成都科学城（天府新区成都直管区）核心区，"四区"指的是新经济活力区（成都高新南区）、生命科学创新区（成都生物城）、东部新区未来科技城（成都高新东区）、新一代信息技术创新基地（成都高新西区）四个支撑创新区；中国（绵阳）科技城需对接科技部，加快编制《支持建设绵阳科技城科技创新先行示范区的意见》。在科学城布局建设一系列大科学装置和网络空间安全、空天技术、农业绿色发展等国家级实验室。

另外，采取科创飞地示范等模式，跳出重庆市和成都市主城区，发挥科技创新的空间辐射效应，推动科技创新更好地服务于区域产业发展。处于成渝地区发展主轴线上的资阳市、内江市、遂宁市、眉山市、荣昌区等的科技创新都处于较低水平，具有较大上升空间，应充分利用成都、重庆两大都市科技创新的空间溢出效应，提升成渝地区双城经济圈内各地级市科技创新水平或科技成果引进利用水平。[①]

二、合作共建成渝科创走廊

成渝科创走廊主要依托高速公路和高速铁路等交通线路，利用成都、重庆两大都市区科技创新的空间溢出，联通重庆市和成都市及重要节点如内江、自贡、遂宁、南充等地级市，形成沿交通主轴的科创走廊。在创新政策协同、创新要素吸引、创新人才流动、创新产业集聚上形成联动合力，通过"创新要素集聚＋创新主体联动"，走廊各地区的创新合作更加紧密，创新环境与生态更

①　卢阳春. 积极探索成渝地区双城经济圈科技创新能力提升路径 助推"十四五"四川经济高质量发展［N］. 四川经济日报，2021－01－06（07）.

加优化。

（一）依托资源云集合作构建科创走廊

一是吸引创新主体和基金等云集创新走廊。在成都、重庆两个"极核"引领下，合作共建成渝科创走廊，重点布局和协同打造"成—德—绵—乐—广"高新技术产业带、川渝毗邻地区融合发展创新带、沿长江上游绿色创新发展带等。首先，吸引创新主体和基金云集科创走廊。主要是围绕成都航空装备制造、德阳重型装备制造、眉山高端电子信息、资阳新能源及轨道交通、重庆电子信息产业和国内重要汽车产业等优势产业，利用头部企业的引领，形成集群，在产业细分中促进新业态、新产业的诞生。另外，要在科创走廊上孵化多家科创板上市企业，进而形成规模化的产业；做好跨区域基于工业互联网支撑下的协同创新。其次，着力构建"金融＋科技"的支撑服务体系。通过政策制定、产业发展导向等，吸引资本投向科创企业，促进风险投资和资本市场相结合，为布局走廊的科创企业提供畅通的融资渠道，构建信用担保体系，实现资金来源多元化、资金规模上档次。争取从国家层面获得完善金融助力科技创新的政策支持，优化科技创新融资方式，尽快发布《成渝地区科创走廊先进制造业高质量发展综合服务方案》，出台对创新企业有针对性的扶持政策；选取部分城市建立金融服务科创走廊建设试验区，探索金融服务科技创新的具体路径；推动构建成渝科创走廊科创企业发展投资基金，创新金融产品，吸引风险投资、私募基金等支持种子期、初创期科创企业，引导资金投向先进制造业发展领域，对成渝科创走廊建设形成有力支撑。

二是合作提升原创能力，合力打造成渝科创走廊"科学＋技术"源头创新策源功能。首先，成渝科创走廊应逐步建立起面向全国乃至全球的科技原创"雷达"，实时、动态搜索辨析产业未来发展所需的重大原创性、突破性的研发热点和竞争焦点。争取联合承担一批科技创新重大专项，争取设立若干教育部重点实验室、工程研究中心等科研基地，建立科学合理的原始创新评价体系。其次，激励科技工作者在独创上下功夫、多出高水平的原创成果，不断丰富和发展科学体系。再次，促进科技成果转化与产业化。加快成果转化，推进国家科技成果转移转化示范区等建设，打造一体化技术交易市场，提升人工智能、区块链等重点产业基础能力和产业链现代化水平。提升优势产业，共同推进关键核心技术联合攻关，前瞻布局新业态、新应用、新模式，加快打造电子信息、智能制造等万亿级特色产业集群和国家级战略性新兴产业集群，推动成渝地区产业转型升级。激发创新活力，探索科研公益事业单位区别于其他公益事业单位的管理模式，推动深化赋予科技人员科技成果所有权或长期使用权改革落地落实，加大科技研发投入，合作共建多元化、跨区域的科技创新投融资体系。

三是建设成渝高端制造业创新走廊，夯实制造业创新基础。按照新发展理念要求和成渝地区协同需要，成渝两地相向发展，在成都、重庆"双核"之间培育高端产业轴带，构建协同创新网络。围绕传统优势产业和新兴产业集群，吸引和鼓励创新资源集聚，打造"绵—德—成—资—渝"现代产业科创走廊（成渝高端制造业科创轴带），形成适合先进制造业发展的集聚载体，带动成渝地区先进制造业发展。通过重点建设成都（天府）科学城、绵阳科学城和重庆（两江新区）科学城，以"双一流"大学、一流学科为依托，以国家战略需求为导向，以解决成渝地区先进制造业领域关键领域"卡脖子"问题为目标，构建以领军企业为核心的关键共性技术、现代工程技术协同创新网络。在创新走廊内，要布局科技成果转化产业化基地、产业技术公共服务平台、产业共性技术研发平台等，推动产业技术创新战略联盟建设，加强走廊内互信机制、激励机制和利益分享机制等制度建设，促进创新主体跨领域、跨地域链接、交互与整合。

四是着力构建"科创+产业"的融合发展格局，使科技服务于产业、产业发展反哺科技创新。成渝科创走廊的建设实质上是一种协同科创模式的探索，某种意义上也是与产业与城市融合发展路径的探索。所以，成渝科创走廊的建设需要统筹布局好生态、生产、生活空间，以科技园区为载体，在成都和重庆两地的科技城、绵阳科技城等的引领下，探索建立区域内的创新合作平台；组织"飞地园区"企业"走出去"，积极引导企业与海外行业龙头和科技型中小企业、研发机构等开展合作，着力提高成渝科创走廊企业竞争优势和产业国际竞争力；积极推动第三产业发展，在科创走廊内平衡好经济发展与社会发展之间、产业发展与创新运用之间、居住与就业之间的融合，强调科技创新与产业融合发展从"功能导向"回归"人本导向"的本源。

（二）依托交通体系提升科创走廊内联外通水平

一是以现代综合交通体系提升内联外通水平，支撑创新要素在科创走廊上高效流动。中心城市和城市群成为承载发展要素的主要空间形式，现代综合交通体系是重要基础支撑。成渝地区应在继续推进枢纽机场和高铁、高速等主干网建设的基础上，综合运用多种交通方式，提升通达和集散能力。首先是整合共建成渝地区机场群并加强通用航空率先发展。把握机场群辐射范围大于行政区划的特征，借鉴京津冀机场群整合等经验，在充分尊重资产价值的基础上，采取整合托管、相互入股等方式，推动联动发展，构建成渝世界级机场群。充分利用四川全域开放低空空域的有利条件，加强通用航空机场建设并迅速提高通航能力。其次是注重建好综合交通枢纽站。在成渝超大城市和大城市，采取开放式、立体化方式建设综合交通枢纽，尽可能实现机场与地铁同站换乘，优化换乘流程，缩短换乘距离，既提高整体交通效率，也为城市开发扩大空间。最后是建设多式联运集疏系统。在青白江、泸州等铁水港推进设施建设，创新使用"多式联运智能空轨集疏运系统"等智能化、机械化手段，在主要城市建设集散中心站，完善多式联运服务机制，开通一批国际多式联运线路，加强与全球主要地区的联动互通。

二是构建"市场先行＋政府引导"组织协调机制，消除科创走廊上的"堵点"和"盲点"，畅通科创走廊创新通道，促进创新政策协同、要素集聚、内连外通。主要以联席会议制度为主，通过研讨，协调解决科创走廊建设及发挥创新凝聚作用的共性和关键问题；借鉴东部发达地区G60科创走廊的经验，成立联席会议办公室。办公室人员可由相关地级市和成都市、重庆市政府发改委、科技局等主要部门的若干代表组成，负责科创走廊建设的日常对接、协调和工作推进。四川省和重庆市协调、共同积极争取科技部成立科创走廊建设专责小组。为提高协同性，建议促进相关部门主要负责人的挂职流动，明确树立企业投资和技术创新主体地位。发挥市场在科创走廊建设中的决定性作用，考虑探索建立协同"政产学研"各类创新主体和创新资源的社团组织或机构，各地政府相关部门着力促进各方科创走廊各方资源等的市场一体化发展，在资源配置方面把握好"让步"和"伸手"的边界，既充分发挥市场主体的创新力量，又能为科创走廊的良性运作提供必要的政府保障和服务支持。

三、协同建设成渝综合性国家科学中心

（一）全国四个综合性国家科学中心的建设经验

截至 2020 年 3 月，我国拥有北京怀柔、上海张江、合肥、深圳在内的四个综合性国家科学中心，其核心载体分别是北京怀柔科学城、上海张江科学城、合肥滨湖科学城和深圳光明科学城，分别处于华北、华东、华中和华南地区。从四个综合性国家科学中心的建设路径看，有些共同的经验可以为成渝地区建设综合性国家科学中心借鉴使用。

一是突显"核心"，强化功能区及配套区域建设。北京怀柔和上海张江两个综合性国家科学中心都强调突出"一心""一核"，分区分功能实施"多区""多点""多圈"配套发展。如北京怀柔综合性国家科学中心按照"一核四区"进行空间功能布局，其中"一核"即一个核心区，位于怀柔科学城的中部，核心区内布局重大科技基础设施集群、前沿科技交叉研究平台等；"四区"即四个不同功能分区，包括科研转化区、综合服务配套区、科学教育区和生态保障区。而且每一个配套区域都有一个重要依托核心，科学教育区依托核心是中国科学院大学，科研转化区依托核心是雁栖经济开发区，综合服务配套区依托核心是雁栖小镇组团。而上海张江综合性国家科学中心则通过构筑"一心一核、多圈多点、森林绕城"空间格局，形成了城市公共服务、生活配套服务及生态环境优美的创新创业适宜地。其中"一心"指的是以科创为特色的市级城市副中心，联动南北、辐射周边，主要依托川杨河两岸地区并结合国家实验室，集聚创新设施和资源，同时辅之以城市高等级公共服务和金融服务等；"一核"指的是南部城市公共活动核心区，主要结合南部国际医学园区，增加公共服务功能，为科学城建设提供康养支撑；"多圈"指的是多中心组团集约发展所需的生活圈，主要依托以轨道交通为主的公共交通站点，基本实现步行 600 米（10 分钟）社区生活圈全覆盖；"多点"指的是多个众创空间，主要结合办公楼、厂房改造设置分散、嵌入式的众创空间；"森林绕城"指的是科学城的绕城林带，主要依托北侧张家浜和西侧北蔡楔形绿地、东部外环绿带和生态间隔带、南侧生态保育区实现对科学城的绿带环绕。总体来看，北京和上海的两个综合性国家科学中心都秉承"网络化、多中心、组团式、集约型"发展导向，

既强化对外衔接又强调内部整合,空间布局集功能性、集聚性、便捷性、协作性于一体。①

二是以建设国家实验室、交叉前沿研究平台、重大科技基础设施集群、"双一流"大学和学科、多类型多层次的创新体系为重要抓手。如合肥综合性国家科学中心按照"2+8+N+3"模式,构建起以国家实验室、创新研究平台和知名大学为支撑的多类型、多层次创新体系。其中"2"指的是争创两个国家实验室,即量子信息科学和新能源实验室;"8"指的是新建聚变堆主机关键系统综合研究设施、合肥先进光源(HALS)及先进光源集群规划建设等5个大科学装置,提升现有的全超导托卡马克等3个大科学装置性能;"N"指的是一批交叉前沿研究平台和产业创新转化平台,主要是依托大科学装置集群建设的合肥微尺度物质科学国家科学中心、人工智能、离子医学中心等;"3"指的是3所高校,分别是中国科学技术大学、合肥工业大学和安徽大学。

三是构建产学研深度融合的科技研发新体系,建立充分激发创新要素活力的科技管理新体制,打造吸引集聚全球高端创新人才和团队的新平台。如深圳综合性国家科学中心极力构建产学研深度融合的科技研发体系,以产业需求为导向构建综合性科研体系,推动科技服务产业和成果转化;建设重大科技基础设施、面向全球引办一流大学分校和科研机构的分支机构、打造前沿交叉研究平台、培育产业咨询高端智库等,以基础设施为依托,以研究平台为支撑,着力提升科研效率和成果共享水平,促进产学研深度融合创新。在打造全球高端创新人才和团队汇聚交流的新平台方面,深圳着力构建高端人才引进机制,吸引全球优秀人才和创新团队汇聚;创新体制机制,在科研项目经费改革、知识产权保护、人才评价制度改革等方面先行先试、探索新路。而在开创产业发展和城市建设深度融合的新局面方面,主要从资金和空间保障、公共服务配套供给等方面着力,全面提升光明科学城的城市功能和品质,实现产城融合发展。

(二)多点发力合作建设成渝综合性国家科学中心

一是从全国大局看,成渝地区建设综合性国家科学中心有现实性和紧迫性。首先,从空间布局来看,成渝建设综合性国家科学中心符合国家创新战略

---

① 中国四大综合性国家科学中心建设经验 [N]. 成都日报,2020-06-10(07).

大局。目前已有的四个综合性国家科学中心分别布局在华北、华东、华中和华南地区，西部地区还没有，而综合性科学中心作为区域创新体系建设的基础平台，将有助于西部地区汇聚世界一流科学家、显著提升区域创新能力，在满足产业发展对创新成果的需求、突破新产业前沿科技瓶颈等方面提升自主供给水平。"行棋观大势，落子谋全局"，国家从基础科学研究入手着力抢抓新一轮世界科技革命和产业革命的战略性机遇，这也是近年来在科学研究区域版图上"频频落子"的战略性考量。其次，从全国大棋局来看，成渝地区不仅具有建设综合性国家科学中心的基础，也会与其他已建成的综合性科学中心形成互补，将是国家宏观战略层面优化科学技术研究区域布局的重要步骤。近年来，成渝地区双城经济圈经济发展较好，科创影响力和辐射力显著提升，科学城建设初显成效，已具备打造具有建设综合性国家科学中心的现实基础。但同时还存在协同创新机制不健全、高端创新要素聚集不充分、基础科研能力需进一步提升、创新生态需进一步优化等不足。因此需要从做好顶层设计、提升科技实力和构建良好生态等多方面发力。

二是强化顶层设计规划引领，优化科技创新空间布局。按照统筹推进成渝地区双城经济圈建设和成渝科技创新的战略需求，通过对四川省和重庆市"十四五"科技规划和中长期科技创新规划纲要的融合研究，做出成渝地区双城经济圈全域在科技创新空间布局方面的顶层设计和规划引领，明确各区域、各市州发展重点和主要任务，指出大方向、提出大问题、设立大指标，引导各区域、各市州围绕区域优势和特色发展科创平台和产业基地，加快形成梯次联动的区域科技创新空间格局。

三是围绕综合性国家科学中心建设的核心，加快集聚创新要素资源，促进资源合理流动，进一步提升科技创新实力。目前，成渝地区围绕综合性国家科学中心建设已加快推动创新要素资源集聚。如重庆市聚焦长江生态安全、生物物种安全等战略目标，加快培育建设一系列大科学装置。还引进高端科技创新资源，建设中科院、北京大学、清华大学等大科学中心。四川省在国家发展改革委、科技部、中科院的大力支持下，在天府新区兴隆湖周边100平方千米的核心区域，启动创建综合性国家科学中心第一批支撑项目，布局了一批高水平创新平台，涉及信息技术、生物医药、空间天文、轨道交通等领域，主要开展多学科交叉研究。未来还需要加强政府引导市场导向，促进创新要素集聚和流动。政府科技创新资源配置要顺应市场和创新规律，重点消除制约创新要素跨区域流动的制度障碍，加快创新资源优化配置。加强与发达地区创新合作，推动知名科研院所在成渝地区设立分支机构，大力引进高端人才，吸引更多高端创新要素向区域内集聚。完善科技创新资源共建共享机制，建设科技成果转化和交易平台，促进人才、技术和资金等创新要素跨区域流动，率先形成成渝两地创新要素共同体。建立科技政务服务平台，推动城市间营业执照和生产许可证"一体受理、一体办证"。出台科技人才互通互认政策，试行高端人才跨区域跨市州公共服务、社会保障共享机制。在提升管理水平和变革管理理念上下功夫，争取达到世界先进水平。

四是积极争取国家支持，协力建设国家科技创新中心。尽快明确科技创新中心在全国合理分工、具有特色的发展目标和发展重点，全面加强科技创新中心重大设施布局和重大项目建设；根据成渝地区创新优势和特色，在空间布局上明确构建"一心双核"总体空间布局格局，在重点领域突出国防科技工业领域的原始和应用自主创新、电子信息产业领域的自主应用创新、重大装备制造领域的自主研发和应用创新、传统优势特色产业的改造提升和独创性创新、生态建设和环境保护领域的科技创新等。

五是深化科技体制改革，完善区域协同创新体制机制。强化区域创新体系建设联席会议制度，健全区域联合攻关项目管理机制，共同研究制定科技合作项目、科技资源共享等管理办法，合作开展共性技术研究和攻关。设立由省、市（州）共同出资的自主创新资金，支持开展区域科技创新合作，强化区域科技合作资金保障。探索跨区域、跨市州的协同服务机制，制定科技基础条件共建共享运行机制，打造一批科技创新资源共享平台。

第四节 协同优化区域软硬环境，营造良好创新生态

一、着力构建"高效＋服务"国际一流营商环境

（一）营造国际一流营商环境重点领域

营造国际一流营商环境是一项系统工程，成渝地区需要聚焦打造市场化环

境、优化各项公共服务，在投资贸易、市场公平、法治保障、政商关系等多领域统筹推进制度创新、资源整合和流程再造。

一是便捷高效的政务环境。需要持续提升政务服务的质量和效率。对标国际先进水平，借鉴发达地区经验，进一步减并工商、税务和社保等工作流程，对企业提供方便快捷的办事通道；对创新主体的商标注册、专利申请等提供便利化服务。

二是开放便利的投资贸易环境。持续优化企业投资设立流程，尤其外商投资需要进一步清理精简审批、核准等事项，实现投资便利化。创新审批方式，如区域内实施联合审批、多图联审等，优化项目报建审批流程。及时修订评估技术导则，缩短审批前评估耗时；推进投资项目承诺制改革，政府定标准、强监管，企业做承诺、守信用，提升贸易便利化水平。

三是竞争有序的市场环境。建立公平公正的市场秩序，保护各类市场主体的合法权益。用法治厘清政府和市场的边界，敬畏市场规则、尊重经济发展规律，健全各项制度和标准体系，梳理整合成渝地区有关营商环境的地方政策法规。对通过改进规则、流程和标准提高了营商便利度的做法和措施进行总结，与国际水平对比分析，查找差距并分析原因。通过沟通达成共识，通过逐项梳理形成相对统一的营商环境要求，形成相对统一的规则流程，提高透明度和可预期性。

四是加强社会信用体系建设，引导企业诚实守信。严厉打击各类扰乱市场秩序的行为；加大产权保护力度，保护市场主体的创新积极性；清理废除妨碍公平竞争和统一市场的各种规定和做法。如重庆两江新区聚焦依法行政，打造良好营商环境。基于两江新区（自贸区）法院等平台支撑作用，构建了国际一流的司法服务体系，还构建了完善的政策服务体系，出台"放管服"改革40条、营商环境优化"十项活动"等措施，各项政策措施直达基层、直接惠及市场主体，打通了政策落实的"最后一公里"，精准帮扶企业解决融资、降本、用工引才等方面的实际问题，打造市场化营商环境。这些经验可在成渝地区双城经济圈内推广复制。

五是宽松有序的经营环境。良好有序的经营环境能够产生"亲和效应"和"洼地效应"，使资金、人才、技术等要素不断聚集，企业创新活力迸发。成渝地区营造宽松有序的经营环境，就要以需求为导向，找准政策落实的"堵点"、市场主体创新的"难点"、制定帮扶措施的"切入点"，进一步加大政策支持和精准服务力度，进一步降低企业税费，继续推进结构性减税。各地政府当好服务创新主体的"店小二"，提供最"走心"的服务，助力创新主体破瓶颈、解难题、增活力。①

（二）营造国际一流营商环境举措

一是对标国内外高标准，夯实基础，系统性优化营商环境。成渝地区创新环境有一定的基础，但对标国际国内先进水平还有差距，需进一步优化。根据《中国城市科技创新发展报告 2018》数据，成渝城市群的创新环境位列第 9。根据《2020 中国城市营商环境指数评价报告》数据，2020 年中国城市营商环境排行榜有 16 座城市总分突破了 80 分，成都和重庆都在列，在评选的 100 个城市中，成都营商环境排名第 9、重庆排名第 16（如图 5-1 所示）；成都和重庆两市在金融环境、人才环境、基础设施环境、技术创新环境、生活配套环境等方面的优势较为明显，对科技创新有一定的支撑作用。

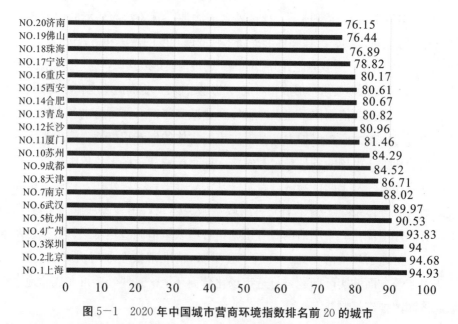

图 5-1　2020 年中国城市营商环境指数排名前 20 的城市

数据来源：中国战略文化促进会、中国经济传媒协会、万博新经济研究院和第一财经研究院联合发布的《2020 中国城市营商环境指数评价报告》

---

① 赵菁奇. 打造 G60 科创走廊的五个着力点 [N]. 学习时报，2021-02-03（07）.

从单项指标看，市场环境排名成都位列第10，生活环境排名重庆位列第2，其余包括创新环境、政务服务环境、监管执法与法治保障环境等在内的指标得分，成都和重庆都不在第一梯队。由此可见，与长三角、京津冀等地区相比，成都和重庆的营商环境还有不少差距，因此成渝地区要致力于对标国际国内一流标准，营造适合创新主体发挥作用的一流营商环境。

成渝地区可以共同发布推进科技创新的"协同扩大开放、促进创新型经济一体化发展的措施"等，聚焦优化创新环境、营商环境、政府服务和金融服务等，力推成渝科创走廊、西部科学城、综合性国家科学中心等载体高质量发展。营商环境的良好有序关键在于依法、透明和可预期，由于成渝地区各地之间经济发展水平不同，制度化程度不均衡，因此，营商环境的社会禀赋、资源承载有差异。成渝地区应进一步加强区域顶层设计，搭建跨部门、跨地域、跨层级的共享共通信息系统，消除区域内的"数据壁垒"；建立统一的监管信息平台，保障各市场主体在科技项目立项、政府采购及标准制定等方面得到公平公正的对待。两地共建企业创新激励机制，积极推进川渝两地共用的企业创新政策，营造良好的创新创业环境。制定促进川渝两地技术创新要素流动与加强产业创新合作的政策体系，鼓励两地企业加强技术合作、加大企业研发投入，培育壮大企业创新主体。

二是协作共建有关营商环境的功能性平台和挖掘有关营商环境的区域性大数据。首先要完善投资保护和诉求处理机制，建立政务服务数据共享交换平台，让"数据多跑路"，让企业和群众少跑路；构建创业孵化和科技成果转移转化服务平台、动产抵押登记平台等。同时，还可建立类似香港贸易发展局的法人组织，发挥社会中介和行业协会作用，为成渝地区企业开展国内外投资、拓展营销、了解市场信息提供帮助。建立国际人才服务平台，推动国际人才认定、服务部门信息互换互认；建立知识产权保护平台，确权保护、信息共享，促进知识产权质押融资、知识产权证券化，等等。其次要挖掘有关营商环境的区域性大数据并协同利用。如依托电子口岸平台，推进信息共享和业务协同。通过国际贸易"单一窗口"，提供便捷的口岸通关服务，避免企业重复报关。建立成渝地区进出口商品质量溯源系统，整合碎片化的数据信息，如海关通关、市场需求、商品质量、税务等信息，实施数据信息的价值挖掘，实现共享共通和业务协同。又如，建立身份认证系统和电子营业执照系统，实行一次认证、全网通办，避免创新主体在不同地区和部门政务服务平台重复注册验证。完善社会信用体系，包括公共信用、金融信用、守法信用、重点行业信用等，实现"有信用、得便利"。最后要结合川渝科技和资源优势，强强联合或优势互补，整合创新平台资源，探索跨地域科技创新平台的协同机制，积极对接国家重大科技创新平台布局，共同创建国家级科技创新平台。[①]

三是协同实施有关营商环境的跨区域、跨部门监管。深入推进商事纠纷多元化解决机制建设，在矛盾协调、环境优化、生产安全、生态环境等诸多领域，实施全区域、全过程管理和风险预警，督促政策措施的落地落实等。如建立统一的"互联网＋监管"系统，实现监管事项全覆盖、监管过程全记录、监管风险可预警，早发现早处理。对相关的投诉举报等，可开展协同检查，加大侵权违法行为联合惩治力度。为此，可建立区域性风险分析和防范机制，实现有预测、有预案、有监控、积极应对的工作机制，防范和制止"风险溢出"。

二、协同培育"高效＋服务"良好创新生态

（一）培育成果转化和产业化的制度环境

一是全面梳理科技金融政策、经济政策、社会治理政策，建立促进创新的新型生态框架体系。包括知识产权制度、科研人员激励制度、评价奖励制度等能保证创新良性发展的基本制度，既着眼长远，又兼顾短期。成渝地区在推动科技体制改革方面具有成功先例，西南交通大学首创的职务科技成果权属混合所有制改革走在全国前列，要把这些改革成果和改革经验用好用足用活，进一步破除体制机制障碍，优化成渝地区创新发展环境。进一步扩大职务科技成果权属改革范围、明晰收益分享和赋权形式。职务科技成果权属改革，涉及产权制度的核心问题，目前在产权激励方面有好的成效，但也有试点面不够、成效不明显等问题。建议在成渝地区的所有高校、科研院所和国有大型企业中，利用财政资金形成的职务科技成果全面推进建立"先确权、后转化"的职务科技成果转化模式。对于获得专利的既有职务科技成果、准备申请专利的职务科技成果，非专利形式的软件著作权、集成电路布图设计专有权、植物新品种权、

---

① 营造国际一流营商环境［N］. 人民日报，2019－06－18（09）.

生物医药新品种、技术秘密和其他职务科技成果以及申请的国外知识产权，分别明确确权及收益分享方式。

二是加快探索高校和科研院所职务科技成果非国有资产化改革。职务科技成果权属改革，实质涉及国有资产管理问题。高校和科研院所职务科技成果技术成熟度不高，达不到产业化要求，因此具有更多的资源属性、较少的资产属性。建议进一步明确将高校和科研院所职务科技成果仅当作科技资源进行管理而不再将其作为国有资产管理，从而大大减少职务科技成果作为生产要素进入市场的束缚。省级国有资产管理不再将高校和科研院所职务科技成果纳入国有资产管理清单，相关审计、国有资产清产核资不再包括高校和科研院所职务科技成果。探索科技成果作价入股形成的国有股权的减值以及公司破产清算时有别于有形资产形成的国有股权管理办法。

三是建立健全成果转化人激励机制。成果转化人既是学术成果的转化人，又是工业成果的完成人，包括中试研发管理人、技术经理人、产品经理、研发工程师、社会投资人等，他们在成果转化过程中发挥着关键作用，是具有实质贡献的专业人员。建议加大对成果转化人的激励，建立健全长效机制，从制度上明确高校和科研院所可通过约定方式与成果完成人、成果转化人等相关人员共享职务科技成果知识产权或转化形成的股权。探索在四川省和重庆市设立的"科学技术奖励办法"中分设"科技成果转化奖"，用以表彰对科技成果转化做出重大贡献的成果转化人、社会投资人和成果完成人。

四是加强科技成果中试孵化支持力度。中试是科技成果向生产力转化的必要阶段，科技成果产业化的成败很大程度上取决于中试的成败，因此，建议进一步加大对中试研发的支持力度，推动设立以中试研发为核心业务的中试研发机构，建立"科学研究＋中试研发＋科技企业孵化"的全链条研发及成果运用模式。引导社会资本投入中试研发，对中试研发专项资金实行差别化考核，原则上不做保值增值要求。

五是充分发挥考核评价机制的导向作用。树立职务科技成果只有转化才能实现创新价值、不转化是最大损失的理念，进一步完善考核评价机制，引导科研主体瞄准产业发展需求、聚焦前瞻性技术需求开展研究，激活区域创新策源动能。建议在对教师和专职科研人员进行职称评审时将横向科研项目业绩与纵向科研项目业绩同等对待，鼓励高校和科研院所针对专职科技成果转化人员，设立独立的职称序列、独立的评审标准和独立的评审委员会。建议将成果中试成功数量、成果转化数量等指标、增加税收和就业、成果创造的价值等效益指标进行核定，纳入成果转化人职称评定及奖补范围。

（二）联合提升科创服务水平，共建一流软环境

一是探索构建政策生态圈，提升科技创新服务水平。健全科技管理机制和政策扶持体系，塑造具有比较优势的创新环境，形成更务实高效的产业推进机制，顺应产业竞争正向"生态"竞争转变趋势，即一个企业往往处于多个产业链或价值链上，产业政策需要更注重"生态圈"，建议以省领导牵头推进产业机制为基础，协同部门组建产业推进专班，制定相应的规划引领，同时引入行业联盟（协会）、高端智库、产业基金等作为保障，推动人流、物流、资金流、信息流向产业集聚，实现产业推进再深入、再提升。深化改革，破除限制新技术新产品新商业新模式发展的不合理准入障碍。整合现有科技成果转化机构、科技中介机构、科技金融、风险投资等多方力量，引进科技服务机构，构建完善科技服务网络，加快发展科技服务业。建立完善成渝地区知识产权创造和保护协作网络，加强跨地区行政执法，打破对侵权行为的地方保护。完善多方协同、共治共享的数据安全及共享体系，处理好数据开放共享与隐私保护的关系，加快数据安全、共享等方面的专业人才队伍和智库建设。

二是加强跨区域科技孵化和创新合作，协同布局高级别科技成果孵化基地和"双创"示范基地，搭建区域间的孵化创新交互平台，促进双创人才和科技金融等创新资源在区域之间自由流动，推动川渝孵化服务能力和服务水平快速提升，共同打造成渝地区经济圈"双创"升级版，充分发挥孵化载体对区域创新能力发展和经济高质量发展的促进作用。加强川渝高新技术企业、科技型中小企业培育，引导和扶持有发展潜力的科技型企业吸纳科技人才、稳定研发投入，成长为规模以上高新技术企业。联合推进科技产业园区共建，促进两地高新技术产业园区提质升级和创新型企业集聚，实现技术、资本、人力的有效整合，提高规模效益，着力打造具有国际竞争力的创新型产业集群。

三是联合提升科技金融服务水平，打造一流软环境，积极争取国家将"科技与金融国家级创新示范区"落户成渝地区。依托重点产业发展基础和保险公司集聚优势，协同发展科技金融、绿色金融、消费金融等新兴金融业态，加快

形成多层次、全链条、低成本、高效率的金融服务体系。完善支持科技创新的金融服务体系，构建覆盖科技创新全程的财政资金引导机制，撬动社会资本投资，加大对两院院士等领军人才重大科技成果在成渝转化的支持力度，在专项资金中拿出一定份额奖励科技成果转化。通过股权债权结合等方式，为企业科技创新及成果运用提供融资服务。帮助符合条件的创新型企业上市融资。联合争取国家科技成果转化基金支持。推动川渝两地合作共建多元化、跨区域的科技创新投融资体系，推广"盈创动力"、天府科创贷等科技金融创新服务模式，联合举办科技金融对接活动，提升金融赋能科技创新发展的服务水平，打造西部高新技术产业融资中心。

四是借鉴欧盟结构基金的做法，探索建立成渝地区双城经济圈科技创新基金，可以由国家和川渝两省（市）及大型企业共同出资组建。创新基金用于支持区域内创新主体进行的技术研发、科技原创和科技型企业赴创业板注册上市，畅通企业创新的融资渠道，推进科技型企业通过再融资、并购重组等方式做大做强。积极争取国家科技成果转化引导基金在成渝地区设立子基金，支持成渝地区"双创"投资及绩效奖励等。共同争取在成渝地区实行西部地区与高科技企业税收叠加优惠政策，实行仪器设备进出口通关便利和关税优惠政策。更好推进区域内重大基础设施、重要产业项目建设，川渝协同推进"新基建"项目，开展新型互联网交换中心、超算中心、6G试验验证、工业互联网等试点，实施全国一体化国家大数据中心（西部）工程，营造更加友好的发展环境。另外，川渝两地共同加强全社会研发投入，实施研发投入"双提升行动"，提升全社会研发投入总量、全社会研发投入强度，形成与全国有影响力科技创新中心相匹配的科技投入新格局。特别要鼓励和引导企业加强研发投入力度，落实好企业研发投入奖补措施。加大基础研究引导支持力度，围绕关键共性技术创新前端需求联合开展基础研究。

五是全面提升国际化和便利化水平。对标前沿，打造中西部营商环境标杆城市，建立符合国际规范和灵活高效的管理体制；打造市场开放先行城市，争取先行先试；争取国家级服务业扩大开放综合试点，打造知识产权保护典范城市，完善配套政策，设立知识产权法院，开展执法维权行动；打造政务服务标杆城市，实施精准和一体化政务服务体系，构建全链条服务体系，尽快成立与国外科研合作的纠纷处理机制，成立商事调解中心、仲裁中心、风险评估中心等。培育专业人才队伍，支持海外人力资源服务机构服务成渝地区创新主体，在成渝地区设立分支机构。

（三）"制造＋服务"融合推动原创场景打造

一是促进"制造＋服务"融合发展，以高端服务推动先进制造业发展。引导企业由制造环节向研发设计和营销服务两端延伸形成全产业链条。由制造环节向前延伸，支持技术研发、创意开发、工业设计等延链补链行动，提高产品科技含量和附加价值；由制造环节向后延伸，支持包括检测、评估、营销和服务等在内的强链提链环节，提高科创成果转化利用效率。搭建平台载体促进先进制造业与现代服务业融合。围绕重点制造业集群，搭建研发设计、金融、物流、会展等服务平台，构建制造业发展的现代化服务体系。重点支持先进制造业和现代服务业融合发展的典型模式和创新模式，比如重点支持定制化服务、供应链管理、网络化协同制造、智能服务、信息增值服务、全生命周期管理等服务型制造典型模式。

二是打造国家级甚至世界级原创场景。成渝地区要把握新基建机遇，围绕智慧城市、生物医药、农业经济、数字经济等重点领域打造城市大脑、健康大脑、农业大脑、数字文创大脑等场景；依托成都天府新区、东部新区，重庆两江新区及成都和重庆科学城等支撑性载体，打造智慧生活、现代消费等场景。立足成渝城市群与外围区域高度互补、相互促进的特征，在拓展开放平台中镶嵌密布专业化人才服务功能，引导和帮助本土企业、中小企业摆脱乡土地域、家族局限、视阈羁绊，聚焦更为开放的人才选用辽阔场景，挖渠引水，筑巢引凤，深耕主业，大胆地试、大胆地闯，推动产业技术变革和优化升级，积极参与京津冀协同发展、长江经济带发展、粤港澳大湾区建设对接和交流合作，收获更大市场。依托西部陆海新通道，向企业充分释放国际化、便利化的开放资源，与"一带一路"沿线国家和地区贸易往来和产能合作，吸引国际人才和海外投资，接入全球供应链、产业链、创新链，在全球化市场中开疆拓土，提升配置全球资源能力和增强创新策源能力，做大做强更高层次的开放型经济，在激烈竞争的国际市场中掌握主动权。

三是建立协同创新发展机制，共建共享共用共赢。跨地域的产业创新布局应建立起区域层面标准协同的政策体系、整合创新资源的有效机制、信息互通的畅通渠道、资源流动的共同要素市场，促进和保障跨区域的创新资源整合与共享，甚至实现跨地域的财政支持。在创新园区基地层面，除了形成产业布局的合理分工，还必须消除地方壁垒、统一政策优惠，开放性地服务于整个区域的产业和创新生态，鼓励成长企业、新兴企业向成都、重庆之外的全区域扩散转移。在创新主体层面，集中川渝力量共同引导跨地域的产学研合作，开展创新平台的共建共享，延伸产业创新链，做大区域创新平台，做强重点行业的产业技术联盟。

第五节　推进"一带一路"科创合作，打造内陆创新开放高地

一、共建"一带一路"科技创新合作区

（一）共建"一带一路"科技创新合作区的优势与基础

一是区位优势承东启西，连接南北。成都与重庆位于我国西部内陆地区，处于"一带一路"西向、南向的中部位置，具备了承东启西、连接南北的作用。成都作为"一带一路"倡议支撑点，是西部地区重要的中心城市。向西以成都中欧班列为核心的国际班列战略通道是"一带一路"沿线重要的实体承载，连接欧洲、中亚、西亚各国；向南可与云南、广西等开放桥头堡对接合作，深挖与东南亚、南亚地区创新合作的潜力。重庆是"一带一路"倡议规划中的重要节点城市，向东通过长江水道连接我国中东部广阔的经济腹地，向西通过"渝新欧"加强与欧洲及中亚地区的合作，向南通过云南和滇缅公路与中印孟缅经济走廊紧密相连，加强与东盟、南亚地区的合作。

二是合作基础扎实，平台及活动多样。随着成都市《关于加快构建国际门户枢纽全面服务"一带一路"的意见》和《成都市融入"一带一路"建设三年行动计划（2019—2021年）》，重庆市《全面融入共建"一带一路"加快建设内陆开放高地行动计划》等政策措施落地落实，聚焦"一带一路"沿线的多渠道国际科技合作格局正在形成。成渝两市共拥有国家级国际科技合作基地37个（成都17个、重庆20个），涵盖生物医药、通讯、轨道交通、大数据等众

多领域。其中，成都的中德、中法、中意、中韩、新（加坡）（四）川等国别合作园区和中国—欧洲中心综合功能日趋完善，吸引了大量国外中小企业前来投资兴业、合作发展。成都欧盟"地平线2020"项目研讨会、"中以"创客大赛等活动和重庆中国国际智能产业博览会、中国（重庆）—新加坡经济与贸易合作论坛等活动，不断拓展国际合作通道。（见表5-2）

表5-2　成都国别园区功能定位

国别园区名称	园区功能
中德园区、中法园区	瞄准产业高端、高端产业，推动与德国、法国及欧盟国家在装备、技术、工程建设等领域的合作
中意园区	利用意大利在工业设计、文化创意等领域的经验和优势，强化与川港设计创意园、中国—欧洲中心联动与合作，打造内陆文化创意产业开放高地
新（加坡）（四）川园区	聚焦生物医药、新一代信息技术等领域，打造"一带一路"创新科技园，奋力成为国家向西向南开放新高地
中韩园区	利用韩国医美、游戏、金融等领域的产业优势，聚力招引韩国中小企业、创新人才和大学生入园工作，加快构建新一代创新创业活力区

资料来源：四川省科学技术厅

三是创新要素吸引力强，人才富集，环境优质。创新人才吸引方面，成都市以人才净流入率5.53%位列全国第3，且外籍人才日益增多。截至2018年4月，成都和重庆分别有来自86个国家的2846名和1762名外国人办理外国人工作许可证，分列中西部地区第1、第2。[①] 从对世界500强企业的吸引力来看，重庆和成都分别有287家和285家世界500强企业入驻（如图5-2所示），位列中西部地区第1、第2。

① 数据来源：四川省科学技术厅。

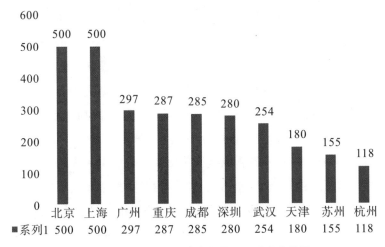

图 5-2　2018 年主要城市世界 500 强企业数量

数据来源：2018 年财富世界 500 强企业年度榜单

（二）共建"一带一路"科技创新合作区的路径

一是构建成渝"一带一路"科技创新合作机制。成渝顶层设计共建"一带一路"科技创新合作区的制度体系，加强与国家"一带一路"科技创新行动计划对接；重庆市加强与成都市融入"一带一路"建设三年行动计划（2019—2021 年）整合。强化成渝共建"一带一路"科技创新合作区组织领导，统筹"一带一路"科技创新合作重大部署，研究解决重大问题，共同担当"一带一路"科技创新合作使命。完善"一带一路"科技创新合作工作推进机制，联合重庆、绵阳、德阳等城市建立成渝共建"一带一路"科技创新合作区，专项对接、专项办理、专项考核，协同推进重大科技创新合作事项落地。

二是打造国际前沿的科技创新策源高地。依托优势学科和优势产业领域基础，聚焦国际重大科技创新领域，参与国际大科学计划和大科学工程。成都市立足产业与学科优势，在生命科学、脑科学等领域牵头组织或引领基础前沿科研发展。成渝地区瞄准国家科技战略需求，鼓励高校、科研院所、企业广泛开拓"一带一路"沿线国家科技合作项目渠道，与"一带一路"沿线国家企业、研究机构开展合作。强化国际标准制定，建立实施企业标准领跑者制度，鼓励高校、科研院所、企业进行标准领跑者国家认定，积极参与国际专业标准化技术委员会工作。鼓励参与国际标准研究、制定或修订、推广。

三是搭建内外并行的国际科技合作平台，夯实构建科技创新合作区基础。成渝协同提升创新平台集聚能力，围绕区域重点产业发展及市场需求，共建以研发、转化为重点的功能性平台载体，争取国际科技组织、知名高校、服务机构等创新主体及服务主体到成渝地区设立分支机构、研究中心、实验室等。鼓励成渝地区创新主体"走出去"，尤其是高校、科研院所、创新型企业等在"一带一路"沿线技术比较先进的国家设立研发机构或者以研发为主要业务的合资公司，争取在"一带一路"沿线国家直接吸收、引入优质创新资源。举行双向科技创新合作交流活动，塑造具有影响力的科技创新交流舞台，充分发挥西博会、创交会、菁蓉汇等活动价值，举办天府国际创新论坛，不断提升区域在"一带一路"科技界中的号召力。支持开展各类民间"一带一路"国际科技合作交流活动。

二、拓展双向互济的国际科技合作网络

（一）共同举办国际科技合作活动

一是共同举办"一带一路"科技交流大会等科技合作活动，开展科技人文交流。推动成渝地区国家级新区科技创新合作开放，联合打造内陆科技对外开放门户，共同融入国际开放大通道建设，支持成渝两地科技型企业积极参与国际科技交流合作活动；全面提升科技创新合作水平，推动与"一带一路"沿线国家政策沟通、设施联通、贸易畅通、资金融通、民心相通，打造发展理念相通、要素流动畅通、科技设施联通、创新链条融通、人员交流顺通的创新共同体，集聚国际创新资源，共同建设西部科技创新高地；利用"巴蜀文化""熊猫故乡"等地域特色，打造世界闻名的"双子星"文化城市群，实现高质量文化输出，吸引"一带一路"沿线国家的高端人才和科研机构来成渝地区发展。

二是高效整合资源，打造"一带一路"西部科技创新枢纽。成渝地区要面向世界科技前沿方向，高效整合高校和科研院所力量，加强开放合作，积极抢占战略前沿领域，抢夺竞争制高点。首先是成渝地区共同争取承担国家重大基础和前沿科研任务，共同争取集聚重大科技基础设施，为开展前沿探索和原始创新提供平台支撑。其次是要借"一带一路"建设、新一轮西部大开发和西部陆海新通道等多重机遇，在全球范围对接和配置高端资源要素，与国际顶级、

国内一流的研究机构、企业和人才开展多渠道、多层次协同合作。推动与重点国别特别是"一带一路"沿线国家聚焦生物医药、信息技术、人工智能、现代农业、装备制造等重点领域，建设一批国别联合实验室或联合研究中心，打造"一带一路"西部科技创新枢纽。积极推进中国—欧洲中心、西部国际技术转移中心、中国—欧盟、中国—东盟、中国—南亚等技术转移中心建设，成渝共建"一带一路"科技创新合作区和国际技术转移中心，推动建立成渝地区国际科技合作基地联盟。以四川天府科学城、绵阳科学城、川南科学城和重庆科学城、两江新区科学城为核心，以众多区域性科创中心为补充，构建成渝"科学城体系"，通过与"一带一路"沿线国家共建联合实验室、科技园区合作、技术转移等措施，共享国际创新合作平台、国（境）外人才和智力资源，吸引全球科研人员、创新团队、合作项目在成渝地区落地。

三是打通连接全球的科技成果转化链条。打造专业化的技术转移机构，构建"一核两翼"技术转移格局，其中"一核"指国家技术转移西南中心，"两翼"指成都国际技术转移中心、重庆市科学技术研究院国际技术转移中心；发挥中国—匈牙利技术转移中心（重庆）等网站的线上链接作用，构建面向"一带一路"沿线国家的科技成果信息化平台和技术交易平台，形成数据互联互通的线上线下结合的技术交易体系。吸引"一带一路"沿线国家科技创新成果落地转化，建立健全职务科技成果产权归属和收益分配管理办法。鼓励成渝地区优质孵化机构发展"一带一路"沿线海外孵化业务，在"一带一路"沿线科技先进国家或创新创业活跃地区建设海外孵化中心，培育壮大科技创新成果及技术转移人才队伍。开展技术经纪人职称评定改革，推广技术经纪人全程参与科技成果转化服务模式，加强国际贸易和专利相关法律培训。鼓励成渝地区高校和科研院所设立相关专业。

（二）构建内陆对外创新开放新格局

一是构建国际科技合作网络。打通服务成渝产业需求的国际科技合作"引进来"通道，重点围绕两地重点产业发展需求，关注重点技术引进领域的技术先进国家、"一带一路"沿线技术先进国家，搭建技术先进国家地区与成渝地区的技术引进网络。打通成渝优势领域国际科技合作"走出去"通道，依托我国高铁和核能两张海外技术输出金名片，发挥成都市高端装备制造等领域的技术优势，依托西部陆海新通道，加强与东南亚国家的科技合作，开辟成渝地区与中西亚的技术合作新通道。成渝地区共同布局创新节点，在"一带一路"沿线重点区域统筹建设海外（境外）创新中心，鼓励在蓉在渝高校和科研院所、产业园区、科技企业等在沿线国家共建科技产业园区、联合实验室（研发中心）、技术转移中心、先进适用技术示范与推广基地等，服务成渝地区全面提升海外创新力、影响力。（见表 5-3 和表 5-4）

表 5-3　重点产业领域科技创新合作需关注的"一带一路"沿线国家

合作领域	重点关注合作国（创新集群）
电子信息	以色列（特拉维夫）、新加坡、印度（班加罗尔）、土耳其（安卡拉）、德国
装备制造	伊朗（德黑兰）、土耳其（伊斯坦布尔）、乌克兰、俄罗斯
医药健康	以色列、伊朗（德黑兰）、土耳其（伊斯坦布尔）、印度（德里）、波兰（华沙）
新型材料	新加坡、印度（班加罗尔）
绿色食品	蒙古国

资料来源：四川省科学技术厅

表 5-4　在蓉企业与"一带一路"国家开展的科技合作项目（部分）

合作地区	合作国家	合作主体	合作项目
东盟	新加坡	四川海特高新技术股份有限公司	四川海特高新技术股份有限公司
	泰国	成都至诚华天复合材料股份有限公司	亚洲复合材料（泰国）有限公司年产 5 万吨高性能 ECR 玻璃纤维池窑拉丝及制品深加工项目
	老挝	四川省汇元达钾肥有限责任公司	老挝开元矿业有限公司二期年产 150 万吨氯化钾项目
南亚	马尔代夫	东方电气集团国际合作有限公司	海水淡化项目

资料来源：四川省科学技术厅

二是高水平规划建设西部国际门户枢纽，全面提升成都和重庆在创新开放中的战略地位。首先是谋划国际科创战略通道建设。依托成渝交通枢纽，构建陆海联动网络。国务院批准的西部陆海新通道建设，将加强中国—中南半岛、孟中印缅、新亚欧大陆桥,中国—中亚—西亚等国际经济走廊的联系互动,也将加强成渝地区与上述沿线国家的科创联系,便利成渝地区的创新成果输出和引入。未来,成渝地区还需持续经营与优化"蓉欧+""渝新欧"等国际物流大通道,重点打造"蓉深""蓉穗"与"蓉欧"班列的无缝衔接,构建多式联运通道,衔接深圳港、广州港,形成欧洲、中亚和亚太地区的全物流体系。其次是依托成都双机场和重庆江北机场,建设南向国际新通道。成渝在陆路运输方面并不具备地缘、通道和成本优势,因此要充分利用三个大型国际机场,打造以成都和重庆两市为枢纽连接泛欧泛亚的航空转运中心,布局海外分拨中心建设。开通成渝至东南亚、南亚等国家直飞航线及货机定期航线,鼓励组建全货运基地航空公司。将成都、重庆建设为服务"一带一路"沿线、辐射泛欧泛亚的国际空港枢纽,以及南亚、东南亚国家进入中国的窗口城市。以交通枢纽带动与相关国家的资金流、人才流、技术流。

三是成渝协同谋划国际交往中心建设。首先是加快启动成都"天府实验室"建设,以高水平科创平台和自贸区等载体谋划国际科创贸易平台建设。以"天府科技云"平台建设为依托,推进"科创中国"成都中心建设,推进构建涉外商贸服务体系,协同推动海外智力城市服务行动计划,推动成渝地区与外界的贸易发生结构性转变,从以货物贸易为主转向货物、服务与科技贸易协调发展。鼓励制造企业向"制造+服务"转变;优化与国际资本的合作方式和路径,推进跨境供应链金融新通路建设,率先形成有影响力的金融合作先行区。其次是主动积极承接国家主场外交和重大涉外会议及活动,推动成都和重庆两市形成国家级国际交往承载地,把外事资源优势转化为科创涉外合作优势。以科创信息共享、成果转化为重点,构建驻成渝领事馆和国际科研机构定期联系机制,以成果互享、产业互补等措施与"一带一路"沿线城市实现友好发展,构建科创合作伙伴网络。最后是提升国际交往承载能力。依托中国西部国际博览城展览展示中心和天府国际会议中心、重庆国际会议展览中心等平台,整合"一带一路"国际会议会展功能,成渝地区共同争取国家层面开放合作重大项目落户。进一步拓展国际交流合作渠道,利用海外华人华侨发挥民间外交作用,提升经济外交水平,扩大文化外交影响,塑造成渝对外形象,为科技创新全方位、多层次、宽领域的对外交流合作夯实基础、铺垫道路。①

（三）构建具有竞争力的国际科技合作环境

一是成渝地区协同推进科技创新国际合作环境营造，构建具有竞争力的国际科技合作环境。首先，深化"一带一路"人文交流，绘制全球高层次人才分布图，精准引进"高精尖缺"人才，加快引进更多主导产业、龙头企业所需的专业人才和创新团队。精准实施外籍人士"家在成渝"工程及向"一带一路"沿线国家倾斜，推进社区形态国际化，推进中小学校与海外学校建立友好交流关系，深化"一带一路"教育行动。优化国际营商环境，聚焦市场准入、政务效率、要素配置、市场监管和权益保护等方面，提升城市国际营商环境。其次，落实跨国企业总部提升计划，充分发挥国际中小企业招引专项资金效应，吸引国际企业、跨国公司研发中心在成渝地区落户。在创新要素跨境流动、跨境研发、创新创业资本跨境合作等方面改革创新，为"一带一路"国际科技合作打造良好的制度环境。强化"一带一路"科技创新要素保障。进一步健全外资投资政务服务体系，引导和鼓励金融机构与国际优秀创业服务机构合作在成渝地区建立创业联盟或创新创业基金。强化知识产权保护，加强成都、重庆等知识产权审判庭建设，推动设立成都或重庆知识产权法院。此外，成渝地区构建政策、金融支持等一体化策略，协同实施科技人才招引政策，探索创新资源跨国、跨区域使用，如推动人才共享、身份互认、科技创新券共通共用等，以"小杠杆"撬动大资源，吸引社会资源集聚，营造国际一流的创新合作环境。

二是推动区域优先发展轻资产、高科技产业，打造金融科技高地。2019年，成都和重庆在"中国金融中心指数"中分别位列第6和第8，均进入全国前10的行列；在"全球金融中心指数"中成都位列第73，较上期大幅跃升14位，重庆则遗憾未上榜。未来成都、重庆宜以金融科技领域为重点方向，打造具有全球影响力的金融科技之都。在高科技产业发展方面，成都拥有丰富的IC设计人才资源，集聚了四川大学、电子科技大学等众多培养相关专业技术人才的高校和科研院所；重庆市也在构建电子产品产业链上取得了不俗成绩。

① 范锐平. 高水平打造西部国际门户枢纽　加快建设"一带一路"开放高地［J］. 先锋，2018（6）：20—22.

2018 年 11 月，成都发布《支持集成电路设计业加快发展若干政策》，宜在此基础上进一步聚焦 IC 设计领域，支持一批本土企业发展，打造中国"西部硅谷"及建设国际软件产业高地，全方位对标印度软件业，制定政策，吸引人才，形成高地"虹吸效应"。

第六章

成渝地区共建具有全国影响力
科技创新中心的制度体系

成渝地区科技创新中心建设，将为成渝地区发展注入强劲动力，提供重大机遇。科技创新将有效推动成渝地区形成新的创新活力源和增长动力源。尤其当前我们要构建以国内大循环为主体、国内国际双循环相互促进的新发展格局，在成渝地区建设科技创新中心，是我国产业格局和区域格局调整的关键之举，符合底线思维要求，能够有效增强我国经济和科技战略纵深。同时，从我国地广人多、区域发展不平衡等现实条件分析，要全面实现全国现代化，需要更多的经济增长极来带动支撑，而成渝地区具有形成这种支撑的条件和基础，未来将有效带动整个西部地区高质量发展。

要共建具有全国影响力的科技创新中心，需要从制度上进行保障和维护。因此，本章就顶层设计、知识产权保护、激励制度体系、科技金融服务和科技体制改革五个方面进行具体分析。

第一节　做好科技创新体系的顶层设计

顶层设计，其实指的是要具有全局观念，要把各方面情况了解清楚，对工作进行从上至下的设计和部署。因此，做好顶层设计，必须站在一定高度，具有一定远见和眼界，才能找准全局工作中的根本问题所在。对于成渝地区共建科技创新中心而言，这是成渝地区双城经济圈建设中的重要一环，也是我国科技创新的重要一环，因此顶层设计就是要在全国科技创新大发展的背景下对成渝地区共建科技创新中心进行全局部署。主要有以下三方面的部署。

一是布局要具有全局观念。成渝地区双城经济圈地处我国西南地区，域内以成都市和重庆市为两大核心城市，涉及四川省 15 个市和重庆市 31 个区县，但由于资源禀赋、人文历史等各方面因素，两省市的发展呈现出显著的不平衡现象，因此，顶层设计必须根据资源、城乡、地域的不同和差异，分情况提出不同的目标，体现出全局观念。

二是布局要凸显各方关联。顶层设计需要洞悉各方之间的联系。这是因为整体由不同部分构成，每个部分之间都有着千丝万缕的关系，牵一发而动全身，顶层设计必须将各方关系理顺、理清，才能保证整体的长期和谐发展。当前，国家层面提出创新驱动战略，成渝地区共建具有全国影响力科技创新中心是成渝地区双城经济圈建设的重要支撑，与其他方面具有紧密关联。这种关联性体现在方方面面，顶层设计就是将各方面情况都考虑进来，制定整体推进方案，使各方共同发展，而不是孤立发展。

三是布局要谋划未来发展。创新驱动是我国自党的十八大以来一直坚定实施的战略。党的十九届五中全会也指出，要坚持创新在我国现代化建设全局中的核心地位，把科技自立自强作为国家发展的战略支撑，面向世界科技前沿、面向经济主战场、面向国家重大需求、面向人民生命健康，深入实施科教兴国战略、人才强国战略、创新驱动发展战略，完善国家创新体系，加快建设科技强国。

综上所述，顶层设计首先要站在国内科技创新发展的大环境下进行规划，要有全局观，从上至下进行全面部署。针对成渝地区共建具有全国影响力科技创新中心而言，成渝联合共建的科创中心在其中担负什么样的使命，也是顶层设计需要规划的。此外，顶层设计不仅要掌握当前有利于发展的因素，还要分析不利于发展的缺点，以及在未来发展过程中可能遇到的问题，要有前瞻思维，充分考虑风险和挑战，应对可能出现的各种情况。

当前顶层设计主要从两个方向展开。第一，科技部正式发文支持成渝科技创新中心建设，第二，根据科技部意见，川渝两地共同协商制定区域顶层设计。

科技部方面，2021年2月25日，科技部正式印发《关于加强科技创新促进新时代西部大开发形成新格局的实施意见》（以下简称《意见》），明确提出支持成渝科技创新中心建设。《意见》要求，到2025年，西部地区创新环境明显改善，创新能力不断增强，创新产业加快发展。到2035年，西部地区创新格局明显优化，形成以科技创新引领大保护、大开放、高质量发展的新格局。在提升区域科技创新能力方面，《意见》还提出，支持成渝科技创新中心建设。研究制定成渝科技创新融合发展专项规划，重点支持布局一系列重大科技基础设施，培育建设川藏铁路等国家技术创新中心，加快成都国家新一代人工智能创新发展试验区建设，着力打造综合性国家科学中心。支持建设成渝西部科技城，提升重庆科学城、成都科学城建设水平，支持绵阳科技城探索建立区域科技创新特区的科学路径。推动重庆、成都自主创新示范区建设。①

在打造区域性特色创新高地方面，《意见》指出要加快提升德阳区域特色地级市创新能力，探索差异化的创新发展路径，构建各具特色的区域创新高地，打造创新驱动新旧动能转换的动力系统。

针对西部地区，在发展科技型企业，壮大规模和提升创新方面，《意见》表明支持实施高新技术企业培育计划，引导加大对高新技术企业发展的支持。支持企业与高校、科研院所联合建立新型研发机构，加强西安、成都、兰州等地区公共技术服务平台建设。同时，还要打造"科技型中小企业成长路线图计划 2.0"，督促金融支持实体经济，使企业与金融相关机构进行直接对接，支持通过资质审核的西部优质企业通过上市的方式进行融资。

在大力推进高新区高质量发展方面，有序推进百色、延安、遵义、宜宾等省级高新区"以升促建"。发挥高新区创新发展核心承载区的作用，支持重庆市、山西省、四川省等西部地区发展电子信息、国防军工、能源化工等技术密集型产业，建立集群式发展模式。

《意见》还特别提到实施西部地区"双创"升级行动。鼓励西部地区推动科技型企业的创新创业。支持打造重庆市环大学创新生态圈、成都市环高校知识经济圈、西安丝路起点文化创新圈等创新创业聚集区。

《意见》还分别就开展西部地区乡村振兴创新行动、西部地区科技惠民行动、美丽西部科技支撑行动做出安排。在乡村振兴创新方面，将支持四川省、贵州省、广西壮族自治区等西部地区针对山地特色，推广相关的农业技术，进行关键技术的攻关和宣传推广。在科技惠民方面，《意见》指出，要从医疗方面入手，针对西部地区特有的慢性病和常见的地方病，要对其发病原理、规律与治疗进行研究，要不断研发诊断仪器和治疗设备，降低成本从而量产，在区域内进行推广使用。在美丽西部科技支撑方面，《意见》表明，要针对黄土高原—川滇生态屏障、北方防沙带、青藏高原生态屏障和南方丘陵山地带等重点地区，进行生态保护技术集成研究与示范，支持成渝地区和汾渭平原大气污染联防联控技术攻关与示范应用，支撑长江、黄河流域生态保护和高质量发展。

---

① 钟源，吴燕霞. 央地齐发力 区域创新高地建设全面提速［N］. 经济参考报，2021-04-16.

《意见》同时提出了深化科技体制改革、加大创新投入、强化引才引智保障、统筹落实工作任务等保障措施。其中，明确提出将重庆和四川纳入国家自然科学基金区域创新发展联合基金，表明要加大对西部地区人才队伍的培养力度和支持力度。

川渝两地方面，2020 年 6 月 3 日成都市召开了科技创新大会，发布《中国西部（成都）科学城战略规划（征求意见稿）》（以下简称《规划》）。《规划》指出要打造中国西部（成都）科学城。这是成渝地区双城经济圈建设过程中，成都落实国家战略的关键步骤，也是未来西部地区要成为高质量发展增长极的重要之举。

《规划》还提出，成都未来要构建"一核四区"的空间功能布局。具体而言，要通过五项重点任务，包括资源汇聚、生态营造、动力承载、区域协同和改革创新，具体又细分为十四项推进策略，建立三个关键时点的阶段性目标，推进西部科学城建设。这三个时间点分别为，到 2025 年，初步建成具有全国影响力的科学城；到 2035 年，基本建成具有国际影响力的科学城；到 2050 年，全面建成全球一流的科学城。《规划》明确表明，科学城总规划面积为 361.6 平方千米，根据成都创新资源优势及城市发展战略，构建"一核四区"的空间功能布局，形成"核心驱动、协同承载、全域联动"的发展格局。

具体来看，"一核"指的是成都科学城。成都科学城旨在成为西部地区重大科技基础设施、科研院所和高校创新平台汇集区。产业方面，将围绕网络安全、航空航天、生命科学等领域，创建综合性国家科学中心，建设天府实验室和国际技术转移中心。"四区"指的是新经济活力区、天府国际生物城、东部新区未来科技城及新一代信息技术创新基地。其中，新经济活力区旨在打造新经济企业和创新型团队汇集区，建成具有全球影响力的新经济策源地；天府国际生物城旨在成为全球医药健康创新创业要素汇集区，建设世界级生物产业创新与智造之都；东部新区未来科技城旨在成为国际创新型大学和创新型企业汇集区，建设国际一流应用性科学中心、中国西部智造示范区和成渝国际科教城；新一代信息技术创新基地旨在成为全球电子信息产业高端要素汇集区，建设国际知名的中国新硅谷。

从顶层设计来看，"一核四区"汇聚各种创新要素资源，通过创新链、数字链和价值链，与全市 66 个产业功能区进行对接，有力地构造出科学城发展的空间。《规划》还明确指明中国西部（成都）科学城的战略定位，即建设全国重要的创新驱动动力源、全国重要的高质量发展增长极、全国一流的高端创新要素集聚地和全国领先的创新创业生态典范区。[①]

2021 年 4 月 23 日，川渝协同创新专项工作组第三次会议在重庆召开。四川省科技厅与重庆市科技局共同商定了《2021 年成渝地区协同创新工作要点》，签署了《川渝大型科研仪器设备数据开放共享合作协议》。此外，还共同成立了成渝地区高新区联盟、技术转移联盟，共同研究加快推进全国影响力科技创新中心建设相关举措。

第二节　完善知识产权保护体系

知识产权对于科技创新具有重要地位，全面建设社会主义现代化国家，必须更好推进知识产权的保护工作。中共十九届五中全会召开后，2020 年 11 月，中央政治局进行了第一次集体学习，主题就是加强我国知识产权保护。习近平总书记在会上强调，创新是引领发展的第一动力，保护知识产权就是保护创新。当前川渝两地就知识产权保护进行了全面部署和规划。

一、知识产权保护的现状

2017 年 8 月，国家知识产权局正式批复中国（四川）知识产权保护中心成立。这是全国首批获批的 5 个省级知识产权保护中心之一。耗时两年的设计建设，中国（四川）知识产权保护中心于 2019 年 6 月通过了国家知识产权局的验收，并于同年 7 月正式启动运营。中国（四川）知识产权保护中心旨在聚焦新一代信息技术等重点产业，以达到审查、授权、确权、维权的快速办理为渠道，切实提高企业申请知识产权的效率，缩短申请时间，降低侵权后维权成本。

2021 年 4 月 23 日，是第 21 个世界知识产权日。四川省人民政府新闻办公室在成都举行四川省知识产权保护与发展状况新闻发布会，并在会上发布了

---

① 宋妍妍，吴怡霏，曹凘源，等. 中国西部（成都）科学城来了！［N］. 成都日报，2020－06－04.

《2020 年四川省知识产权保护与发展状况》白皮书。白皮书显示，2020 年年底，四川省已经建立国家知识产权试点示范城市共计 11 个，在中西部排名第 1；国家知识产权强县工程试点示范县（市、区）共计 66 个，在全国排名第 1；国家知识产权试点示范园区共计 5 个；国家知识产权优势示范企业共计 254 所。同时，四川省已经建立全国版权示范城市 2 个、示范单位 6 个、示范园区（基地）4 个，国家级版权交易中心 1 个。这些都在全国居领先地位。

白皮书介绍，关于知识产权拥有量方面，四川省知识产权拥有量稳步增长。专利授权方面，2020 年新增加专利授权逾 10 万个，其中属于发明专利授权的近 1.4 万个，至此，四川省有效发明专利拥有量累计已突破 7 万件，每万人发明专利拥有量已达 8.4 件。商标注册方面，2020 年新增注册商标 20.2 万个，累计已有有效注册商标 101.4 万个。同时，马德里商标国际注册申请量累计已达 614 个，新增注册地理标志商标 92 个，注册地理标志商标累计 466 个，其中纳入《中欧地理标志保护与合作协定》清单的有 28 个。此外，新申请植物新品种权 104 个，现有申请新品种权累计 1260 个。新增作品著作权登记 16.3 万个。

在知识产权改革创新方面，职务科技成果权属混合所有制改革试点工作不断深化，45 家试点单位完成分割确权 634 项。中国（四川）知识产权保护中心"装备制造产业"第二预审领域通过验收。四川省检察院被最高人民检察院确定为知识产权刑事、民事、行政检察职能集中统一履职的全国试点院。四川省委办公厅、四川省政府办公厅印发《四川省强化知识产权保护实施方案》，进一步完善了四川省知识产权保护制度机制。

在知识产权行政保护方面，四川省市场监管部门深入开展"铁拳""蓝天""春雷"等专项行动。据白皮书介绍，2020 年共办理专利违法案件 5558 件，同比增长 59.4%，结案 5448 件；查处商标违法案件 1283 件，移送司法机关 21 件，其中查处侵犯酒类商标专用权违法案件 273 件；推荐 23 件优势特色农产品开展地理标志产品保护，完成 792 家企业新版地理标志专用标志矢量图更换。四川省版权部门开展"剑网 2020"等专项行动，开展执法行动累计 2.02 万次，参与执法人员共计 7.98 万人次，查处版权侵权盗版案件 27 件。四川省农业农村部门重点开展各类种业专项保护，共安排展示评价品种 5222 个（次），设立品种安全性监测点 230 个。四川省文化旅游部门加强非物质文化遗产保护。四川省海关部门开展"龙腾行动 2020"等专项行动，共启动知识产权保护措施 1256 批次，扣留各类侵权货物、物品 1549 件。

在知识产权司法保护方面，四川省法院系统共受理各类知识产权案件16867 件，审结 16007 件；同比分别上升 44.96％和 61.36％。其中，受理民事案件 16719 件，刑事案件 139 件，行政案件 9 件。以调解、撤诉方式审结知识产权民事案件分别为 1414 件和 7124 件。四川省检察机关办理的侵犯知识产权犯罪案件，共受理审查逮捕 60 件 133 人，批准逮捕 50 件 94 人，受理审查起诉 96 件 249 人，提起公诉 83 件 202 人。四川省公安机关开展"昆仑 2020"等专项整治行动，共立案侵犯知识产权和生产、销售伪劣商品犯罪案件 744起，涉案总金额 3.86 亿元；其中，侦办公安部挂牌督办案件 4 起、四川省公安厅挂牌督办案件 50 起。

在知识产权与疫情防控方面，四川省市场监管部门开展涉新冠肺炎防护产品商标违法行为整治，依法查处恶意申请注册"火神山""雷神山"商标案，查处口罩假冒专利等涉及疫情防控相关案件 72 件。四川省公安机关共破获制售假劣医疗器械材料等涉疫刑事案件 101 起，惩处 130 人。四川省法院加大"微法院"等网络平台运用，快速建成上线四川省法院互联网庭审平台。四川省知识产权服务促进中心出台 6 条知识产权服务促进"战疫"措施，开通窗口"绿色通道"，帮助疫情防控相关企业快速完成专利申请授权。

在知识产权发展与运用方面，2020 年四川省知识产权技术合同认定登记共计 12157 份，涉及金额约 372.49 亿元。四川省知识产权运营基金 2020 年新投项目 2 个，涉及投资金额 4900 万元。截至 2020 年年底，四川省知识产权运营基金累计投资项目共计 8 个，涉及投资金额达 1.09 亿元。四川省知识产权质押贷款金额累计 56.9 亿元。

在知识产权助力区域协调发展方面，白皮书显示，2020 年四川省共建设了 8 个知识产权特色小镇。其中 5 家单位获批建设"技术与创新支持中心(TISC)"。同时，2020 年四川省圆满完成了地理标志精准扶贫工程三年工作计划，共计有 6254 个产品使用了"四川扶贫"公益性集体商标，助力厂家降低宣传成本，更好进行产品推广，全年扶贫产品销售额共计 162 亿元。

在加强知识产权服务行业建设方面，2020 年四川省进行专利代理行业改革试点，建立 1 个国家知识产权服务业集聚发展示范区。截至 2020 年年底，知识产权服务业的从业人员已逾 3 万人，相关服务机构突破 1500 家，共孵化全国知识产权服务品牌机构累计 10 家，国家知识产权运营机构累计 7 家。

与此同时，重庆也对 2020 年重庆市知识产权保护现状进行了积极总结。重庆于 2021 年 4 月 26 日召开新闻发布会①，会上介绍，专利授权方面，2020 年重庆市全年授权发明专利 7637 个，实用新型专利 4 万个，外观设计专利 7719 个，每万人口发明专利拥有量达 11.3 个，同比增长 8.03%。商标注册方面，2020 年重庆有效商标注册量共计 60.4 万个，注册地理标志商标共计 278 个。2020 年新增作品著作权登记 17.1 万个，同比增长 8.92%。此外，2020 年认定登记技术合同共计 3592 项，涉及成交额累计 154.23 亿元，其中关于知识产权合同有 1091 项，成交额累计 58.26 亿元。知识产权融资方面，知识价值信用贷款 2020 年累计向 5021 家企业提供贷款，涉及金额共计 83.24 亿元，商业价值信用贷款 2020 年累计向 4594 家企业提供信贷，涉及金额逾 53 亿元。

侵权维权方面，2020 年重庆市各级有关部门严查知识产权侵权违法行为，切实保护各类市场主体知识产权合法权益。据介绍，重庆市 2020 年没有发生知识产权相关的重大侵权违法案件或事件。

具体措施方面，重庆市 2020 年知识产权管理部门开展了系列执法专项行动，包括"铁拳""蓝天""绿色技术"等行动，共计办理专利侵权纠纷案件 553 件，查处知识产权违法案件 1685 件，罚没金额共计 977.7 万元。2020 年重庆市文化市场综合执法机构也开展"剑网""净网"等专项执法行动，参与执法行动人员共计 6.4 万人次，检查文化旅游经营场所共计 3.9 万余次，查处各类知识产权案件 786 件，查缴各类非法出版物共计 11 万余份（册），关闭有害网页共计 3.75 万余个。此外，重庆市农业农村管理部门针对假冒伪劣农资产品进行查处，共处理生产销售假冒伪劣农资产品案件 252 件。重庆市市场监管部门对疫情防控关键项目进行专项整治，查处假冒伪劣口罩、侵权口罩共计 59.32 万个。重庆海关也开展名为"龙腾"的专项保护行动，2020 年共采取知识产权保护措施 261 次。

重庆市公安机关 2020 年开展名为"昆仑 2020"的专项行动，共立案各类涉假刑事案件 459 件，其中破案 375 件，侦办公安部督办大案要案 6 件。重庆

---

① 张亦筑. 去年重庆每万人口发明专利拥有量达到 11.3 件 [N]. 重庆日报，2021-04-27.

市法院 2020 年受理一审、二审知识产权纠纷案件共计 2.44 万件，其中，新受理案件 2.2 万件，已审结各类知识产权纠纷案件 2.27 万件。重庆市检察机关 2020 年开展主题为"保市场主体、护民营经济"的专项行动，受理相关侵犯知识产权的犯罪审查案件共计 42 件 81 人，受理后批捕共计 27 件 49 人。

发布会还强调，近年来重庆市坚持稳中求进、守正创新，聚焦版权执法、软件正版化、版权产业、版权宣传普及等，在促进版权保护和产业发展方面取得了一些成效，为实施创新驱动发展战略、建设文化强市贡献了版权力量。

在强监管方面，提升版权治理水平。将版权执法、软件正版化等纳入全面从严治党考核、"双打"考核以及重庆市督查检查考核。建立区县重大侵权盗版案件挂牌督办机制、重点作品版权保护预警机制。开展"剑网 2020"专项行动，全年共办理侵权盗版行政处罚案件 23 件、刑事案件 2 件，移送公安 2 件，关闭违法违规账号和僵尸账号 7.6 万余个。2020 年针对 615 家党政机关和 116 家市属三级以上国有企业开展软件正版化检查。

在建平台方面，促进版权产业高质量发展。建成了版权贸易基地、版权交易市场、原创音乐和艺术版权孵化中心、软件正版化服务中心等一批版权产业孵化平台，构建了"政、产、学、研"一体化推进的版权产业发展新格局。积极开展版权示范建设工作，培育了 6 家全国版权示范单位、2 家全国版权示范园区，以及 25 家市级版权示范单位、8 家市级版权示范园区，充分发挥了示范引领作用。

在树品牌方面，营造良好版权环境。以"强化版权治理，优化版权生态"为主题，组织开展数字版权项目推介大会、"版权杯"高校文化创意设计大赛、"十佳版权创新企业"评选、"十佳版权创业先锋"评选、重庆版权大讲堂等，营造了"尊重版权、保护原创"的浓厚氛围。

在深化知识产权交流合作方面，2020 年四川省大力推动川渝两地知识产权协作。市场监管、检察院、法院、林业、文旅机构和海关等相关部门相继在知识产权工作领域开展合作，积极进行交流，举办相关重大活动。2020 年，四川省先后开展了"川货全国行·南昌站""2020 年天府知识产权峰会""创新者夜·2020""解码中华地标·走进四川""消费扶贫蜀你最行"等系列重大活动。

川渝两地有关部门深化知识产权合作，助力成渝地区双城经济圈建设。新设立知识产权纠纷人民调解分支机构 4 家，全年调解知识产权纠纷 2119 件。成立中西部首个知识产权金融服务联盟，发放知识产权质押贷款 13 亿元。建设农业农村部植物新品种测试重庆分中心。持续打造"行本·公证链知识产权保护平台"，现存证数量超过 4988 万条。

以推动成渝地区双城经济圈建设为契机，重庆市与四川省签订了《川渝版权合作协议》，开展跨区域执法合作。

二、知识产权保护的不足

当前川渝两地对知识产权的保护还存在一些不足，主要表现在以下几个方面。

第一，对知识产权保护的重要性认识不足。当前，人们对知识产权知识的了解和掌握还不够，很多人不清楚专利权、著作权和商标权的保护内涵。在知识产权保护的过程中，能够有效运用一定手段保护研发成果并进行转化，获得相应合法权益的人员占比还较低。许多科技成果没有进行适当的转化，造成知识产权流失现象。

第二，知识产权保护的法治化跟不上技术发展的速度。科技发展日新月异，知识产权保护的立法工作进程还跟不上。如当前《中华人民共和国专利法》规定职务发明创新成果的专利权属雇主，这对于发明创新成果的实际发明人而言，由于专利权属于单位所有，个人仅能享受到专利效益的分配权，不具有所有权，大大降低了其创造积极性。为此很多发明人将职务发明设法变成非职务发明，避免法律约束，造成重大发明少、专利技术层次低的结果。

第三，知识产权质量不够高。我国现有知识产权数量多，已经具有庞大的知识产权储备，但是专利质量相对并不高。大量的专利活动资源都被运用到了专利创造及申请中，对于发明专利的申请量仅占我国所有专利申请 10％左右，而相比发达国家，这一数字可以达到 50％以上。此外，这些发明专利的产业化运用比例也相对较低，尤其是高校和科研院所的发明专利利用率一直处于较低水平。

第四，知识产权遭遇侵权后维权难。侵权发生后，由于知识产权是无形资产，被侵犯权利者收集证据需消耗较多的精力和财力。即使收集好证据也不易算出具体的赔偿基数，难以量化侵权造成的损失。知识产权维权实践过程中，对侵权性质也较难认定，如针对是否"恶意"侵权，不同法院的认定标准并不统一，尤其在缺乏当事人自认的情况下，这导致法院无法有效判断适用条款。一些跨境发展企业应对海外知识产权纠纷也经验不足，有的专利在境外被侵权后无处申诉，有的可能因为不熟知境外知识产权保护体系而造成知识产权保护的疏漏，被竞争对手恶意诉讼。

三、完善知识产权保护的路径

"十三五"时期，我国由知识产权大国向知识产权强国转变。在这一重大战略机遇期，知识产权作为科技成果转化环节中重要的一环，能够有力保证科技转向现实生产力，激励创新主体发挥主观能动性。在此以军民融合知识产权试点为案例，探讨完善川渝两地知识产权保护的路径。

2015 年 12 月中国军民融合公共服务平台开始筹备，目标是打造"知识产权技术成果交易转化＋专业化知识产权服务支撑"的新型国家级知识产权交易运营公共服务平台。中国军民融合公共服务平台旨在助力形成以知识产权运用为核心的服务环境，用专业化服务支撑知识产权对产业基础信息汇总、决策制定和发展规划的决定作用，构建包容、开放、多样化的创新服务环境。在此设计下，2017 年 2 月 24 日，国家知识产权运营军民融合特色试点平台正式开始运营。

2018 年 8 月首批知识产权军民融合试点地方确定，重庆市和四川省两地纷纷入选，试点时限为 3 年。根据《国务院办公厅关于印发知识产权综合管理改革试点总体方案的通知》中有关要求，有关机构对试点地方进行工作指导和跟踪管理，并建立相应的评估考核，保证各地知识产权军民融合试点工作顺利进行。[①]

国家知识产权运营军民融合特色试点平台承载着为国家层面知识产权运营与技术成果转移转化探索新模式、新路径的重要任务，该平台发现我国各界创新人员想要利用知识产权数据信息支撑创新活动的过程中，严重缺乏免费易用的知识产权大数据信息获取渠道，因为行业内的主流知识产权大数据检索系统

---

① 李晓红，邹维荣. 首批知识产权军民融合试点地方确定 13 省市［N］. 解放军报，2018－08－18.

均为收费产品，并且开通高级的分析功能的权限更要付出高额的账号采购费用，这一定程度上阻碍了我国的创新、知识产权保护和运用事业发展。国家知识产权运营军民融合特色试点平台就致力于解决我国创新者无法便利的检索知识产权信息这一问题，决定研发一款公益性的知识产权大数据检索分析系统，为全国所有的创新者和各类科研工作人员提供最基础的知识产权数据服务支撑，打造所有创新者通过知识产权信息利用获得创新灵感、进行创新研发的桥梁，为国家层面的创新驱动发展战略等的实施提供基础支撑。

在以往国防科技的知识产权划分中，核心国防知识产权的唯一拥有者是国家，其他知识产权的划分依据协同创新生产的其他投资主体或合同规定。军民融合知识产权战略的实施，可以有效打破以往的惯性思维，有助于规范知识产权的归属，在保证国家信息安全的前提下，切实保证有关科技成果的开发者享有使用权、转让权以及相关收益的分配权。

第三节　完善科技创新激励制度体系

成渝地区共建具有全国影响力科技创新中心，要重视创新人才的建设，制定一定的配套和激励措施，进一步鼓励科研人员更好地进行创新创造，促进科技成果的有效转化。

一、科技创新激励制度的现状

2020 年 6 月，成都市科技创新大会召开并发布《关于全面加强科技创新能力建设的若干政策措施》（以下简称《政策措施》）。《政策措施》指出，要推动实施成渝地区双城经济圈建设，加快建设具有全国影响力的科技创新中心，助推成都全面体现新发展理念城市建设。其中就激励人才创新方面给出相关政策措施。

人才是最宝贵的资源。为此，《政策措施》提出几项制度，旨在提高科研人员自主权，激励科研人员研发热情。包括对重大科技项目和重大关键核心技术攻关实施"揭榜挂帅"制度，以及对科研项目的经费实施"包干制"与"负面清单"制度。此外，增加科研人员研发路径自主选择权，在整体研究方向不变、考核指标达标的前提下，允许科研人员按照实际情况，对研究计划和技术路线进行适当的调整。针对一些自主组织的科研团队，下放科研管理权限，只需项目牵头单位进行备案，具体管理权归牵头单位。

对于研发人员的任职，《政策措施》指出，允许科技研发单位的专业技术人员在获得所在单位同意后，到业界或高校、其他科研机构、社会组织等进行专（兼）职，同步开展研发活动，并保障其据此取得的合法报酬，也允许专技人员离岗进行科技成果转化，或者在职创办企业等创新创业活动。

《政策措施》还对大学生这一人才后备群体给予了政策支持。对于境内外优秀大学毕业生和青年人才来成都实习工作的，政府为其购买保险，实习后留在成都工作的每人一次性奖励 5000 元人民币。对于建立实习基地的企业，要求对毕业两年内的工作人员发放不低于当地最低工作标准 80％的生活补助。此外，还要求市州各级国有企业、事业单位每年提供一定岗位，定向招聘应届毕业大学生，岗位比例在年度招聘计划中的占比不低于 30％。

二、科技创新激励制度的不足

当前四川省国有企业创新主体活力不足，自主创新能力欠缺。据省国资委数据，2020 年，我省国有企业研发费用为 249 亿元，同比增长 24.7％，国有企业承担了我省 20 个重大科技专项和 43 个科技成果的转移转化项目。其中，省属企业科技研发投入稳步提高，研发费用达到 24 亿元，同比增长 116.6％。尽管如此，四川省国有企业的研发投入水平仍然不高。当前，四川省国有企业创新投入呈"哑铃型"，在川中央企业和市（州）国有企业投入多，而省属国有企业投入相对较少，尤其是对科研人员激励不足、企业缺乏创新动力等问题较为突出。

相比四川，重庆的高校、科研院所相对少一些，创新要素的分布相对分散，不够聚集。院士、长江学者、国家杰青等高端人才相对也不够充足，人才队伍建设、激励制度和基础科研能力还有待提高。创新激励的机制还不够完善，一些举措还没有落到实地，整体创新生态还需要进一步发展和优化。

三、完善科技创新激励制度的路径

2020 年 6 月 2 日，习近平总书记在专家学者座谈会上强调，要深化科研人才发展体制机制改革，完善战略科学家和创新型科技人才发现、培养、激励机制，吸引更多优秀人才进入科研队伍，为其脱颖而出创造条件。

当前正值成渝地区共建具有全国影响力科技创新中心的起步阶段，人才是建设的关键力量，如何健全人才发展机制，完善配套政策，从而保障科技人才有效助推科创中心的有序建立，是当前迫切需要思考的问题。完善科技创新激励制度，可从以下三个方面着手。

第一，紧密结合科研实践，建立高质量人才自主培养体系。实践是培养人才的唯一途径，尤其是科技型创新型人才，只有把科研成果运用到实践上，从实践上得真知，才能真正实现科学突破。川渝两地地域辽阔，机会众多，还有很多方面的科技创新需要科研人才去研究开发。当前我国注重科技创新，建立了许多重大科技创新平台，布局了很多重大科研任务，可借助此针对性、重点培养相关人才和领军科学家。针对我国当前重难点领域，更是可以通过实践锻炼，加强对中青年人才、后备人才的培养，并鼓励人才在实践中发现创新创业的机会。

第二，遵循科技创新规律，不拘一格发现使用好人才。人才是科技创新的核心力量，当前川渝两地对激励人才科研创新已经有了相应的规划和改革。下一步，应当继续尊重科技创新规律，出台更有针对性和具体的人才支持政策，建立适当的人才评价机制，采用科研导向的用人标准，使有能力的科研人才都能找到合适的位置，并且能够在人才市场有序流动。

第三，优化科研生态环境，激励科技人才创新创业。川渝两地相比，四川具有更多的科研机构和更多的高端人才，两地可以开展协同发展，优化科研生态环境，倡导潜心钻研、风气正派的科研作风。促进人才交流，使科研人才能够在两地形成有益互动。同时，还需要不断进行科研管理体制改革，让科研人才拥有更多的自主权，吸引更多的科技人才不断投入到科技创新工作中，释放才能，发挥潜能。

第四节　完善科技金融服务

科学技术是第一生产力，金融是现代经济的核心。科技和金融已经成为生产力发展最为活跃的两大因素，科技与金融的深度融合构成现代经济社会发展的"新动能"。科技金融的本质，其实就是科技创新与金融体制创新的有机结合，改善科技企业风险投资机制，为科技企业提供高效融资支持，促进科技企业进一步发展。整体来看，根据《四川省科技金融发展白皮书（2019）》描述，成都市科技金融总体排名位列西部第一，表现出较强的科技金融实力。

一、科技金融服务的现状

《四川省科技金融发展白皮书（2019）》指出，2019 年，四川省科技对经济增长的贡献率达到 58%，比 2018 年提高 2%；高新技术产业实现营业收入 1.84 万亿元，增长 9%；科技服务业实现营业收入 2750 亿元，增长 10%；实现技术合同交易额 1200 亿元，增长 20%；资本市场累计实现直接融资 3239 亿元，同比增长 13.3%。

截至 2019 年年底，全省入驻各类创投机构 295 余家，管理基金规模突破 1526 亿元；A 股上市企业 129 家，2019 年新增 9 家；"新三板"挂牌企业 272 家，2019 年新增 19 家；天府（四川）联合股权交易中心"科技金融板"挂牌企业 489 家，2019 年新增 62 家。科技与金融结合进一步深化，取得了显著成效。

从顶层设计来看，四川成立了四川省科技金融工作联席会议制度，编制了相应规划；建立科技型中小微企业投融资补助机制，引导和带动金融机构对科技企业融资；出台相应法规，加速知识产权融资，促进科技成果转化。同时，通过财税直接奖补政策激励企业科技创新，建立完善的信用体系。比如，2019 年 12 月，"天府信用通"平台正式上线，目前，平台已实现全省 21 个市州和 1.8 万余家银行机构网点全面接入，可共享 13 亿条数据。同时配套了守信激励与失信惩戒制度。

在贷款融资方面，四川构建了面向中小企业的一站式投融资信息服务的"盈创动力"模式，构建了以"银行贷款＋保险保证＋政府补偿"为特色的专利权质押融资"德阳模式"，并获得国家知识产权局的认可。另外，针对不同的科技企业和应用场景，创新了"园保贷""创业贷""科创贷""成长贷""壮大贷"等 40 多款特色科技金融产品。

总体来看，当前四川省科技金融已经探索出一条适合自身的发展路径，形成了"1＋1＋2＋N"的科技金融服务体系。其中第一个"1"表示 1 个中心，即四川高新技术产业金融服务中心；第二个"1"表示 1 个研究院，即四川创新科技金融研究院;"2"表示 2 个实验室,即四川大学中国科技金融研究中心和西南财经大学金融智能与工程重点实验室,"N"表示 N 个分中心,代表当前四川高新技术产业金融服务中心在四川省各市州所设立的 17 个分中心。

二、科技金融服务的不足

虽然当前四川省科技金融建设取得了一定成果,相关体系也已建成,但是未来科技金融发展仍面临一些问题。

一是科技金融估值面临众多不确定性。科技企业一般为轻资产企业,科学技术是一种无形资产,这就需要金融机构解决知识产权评估等难题,否则既无法进行实物抵押,也难以进行使用贷款。企业实际的营业模式、资金运行方式,实际业务范围都存在着较大的不确定性因素。这使得传统的融资模式以及现有的互联网融资的投融资手段,都无法有效为科技产业提供相应的服务。

二是科技企业信用评价体系不够健全。科技企业需要大量的研发投入,企业只有通过专利、商标、收益权、保单等可以确认收益的资产进行融资。探索适用于科技型企业特点的信用评价体系,可有效运用于债权融资、众筹募资等领域,提高科技型企业信用评价科学性。重庆市已于 2019 年发布了《关于推进重庆市科技型企业知识价值信用评价工作的通知》,探索出一套适用于科技型企业特点的信用评价体系。但是四川省目前的评价体系还不够完善,仍没有针对科技企业的专套企业信用评价体系。

三是科技金融风险投资市场还不够成熟。当前,我国的科技金融是政府为主导、其他市场资金参与的模式。市场机制之所以参与不活跃,主要是因为科技产业市场还不够成熟,其盈利模式具有巨大的不确定性。如创投资金可以通过业绩、规模、产业等客观数据来约束创业公司,但在科技领域投入资金则难以用这些客观标准来要求科研项目。

四是科技金融复合型人才比较匮乏。金融机构深度参与科技金融的发展,要解决的不仅是要更新认识,更要跨越常规融资的思维模式。在提供新金融产品和金融服务的同时,提升对新经济、新业态的服务能力,但是相关人才还较为缺乏,尤其是既懂科技企业研发路径,又懂科技企业经营模式,还懂金融工具运用的复合型人才,更是凤毛麟角。

三、完善科技金融服务的路径

中共十九届五中全会通过了《中共中央关于制定国民经济和社会发展第十四个五年规划和二〇三五年远景目标的建议》，指出要完善金融支持创新体系，促进新技术产业化规模化应用。这指明了金融与科技连接的方向，要推动构建多层次、全方位、多渠道的科技金融体系，发挥金融支持实体经济的切实作用，更好地支持科技类企业进行研发设计、成果转化，助推科技型企业更好发展。

四川应加强科技金融顶层设计，加强科技部门和金融部门日常协调配合和合作深化。同时，连接科技企业、科研院所、银行、基金、担保等科技金融相关主体，建立金融服务与科技发展协同联盟。在提升科技企业增信机制方面，四川应重点打造科技金融数据库，加强科技企业信用平台建设，完善科技企业融资信用增进机制。与此同时，加强科技成果转化，建立科技金融评价体系，优化科技金融综合服务体系，以科技金融发展助力成渝地区共建具有全国影响力的科技创新中心。具体而言，有以下几个方面的举措。

第一，顶层设计明确战略定位。科技金融体系的完善，首先需要顶层设计给出发展规划和配套政策。尤其是对发展战略的明确，要确定科技金融完善的目标和路径，并逐级制定、完善细化政策制度，有效打通各个环节，防止改革不连续甚至措施之间有冲突的情况。

第二，政策性金融保障资金需求。由于科技型企业具有无形资产占比大的特点，尤其是初创期的中小科技企业面临的不确定性较大，传统金融风险评估机制无法有效衡量其风险收益，因此融资难问题一直存在，阻碍了其正常发展。科技金融应当承担政策性金融供给能力，打破传统金融的桎梏，对接中小型科技企业的资金需求，采用更加灵活的担保方式、更为适合的风险评估方法，如约定资金仅限于研发投资，不可用于投机性支出等限制，切实保障其资金需求被满足。

第三，政府引导助推企业先行。科技型中小企业与大型国有企业相比，在市场知名度和占有度方面都具有显著的劣势。政府可先利用政府采购方式，采购合规达标的中小型科技企业产品，扶持其打开市场，助推其步入正轨。

第四，市场主导打开融资渠道。科技金融体系的最终归宿，仍是发挥市场力量，参与科技型企业投融资环节。还需加强天使投资等专业人员和团队参与企业科学化决策，通过市场化方式，优胜劣汰，留下真正有创新性的科技企业项目。加大金融中介的参与，让市场资金能够引流到科技型中小企业中，满足其融资需求。

第五节　完善科技体制改革

2021年5月28日，中国科学院第二十次院士大会、中国工程院第十五次院士大会和中国科学技术协会第十次全国代表大会在北京人民大会堂隆重召开，习近平总书记发表重要讲话。他强调，推进科技体制改革，形成支持全面创新的基础制度。要健全社会主义市场经济条件下新型举国体制，充分发挥国家作为重大科技创新组织者的作用。要推动有效市场和有为政府更好结合，充分发挥市场在资源配置中的决定性作用，通过市场需求引导创新资源有效配置，形成推进科技创新的强大合力。[①]

四川省委十一届三次全会召开以来，四川省聚焦加快建成国家创新驱动发展先行省，全面深化科技体制改革，持续优化创新发展环境，不断完善创新发展体制机制。

一、科技体制的现状

当前，科技创新战略地位进一步提升，我们必须把握新形势，创新科技管理方式，充分发挥科技的支撑引领作用。尤其在科技与经济紧密联系、加快融合的大背景下，科技、经济、产业政策如何有效衔接，从而促进科技成果能够有效转化，增加经济效益，解决制度障碍，是当前面临的重要课题。

随着以企业为主体的技术创新体系建设的持续推进，相应配套和相关的体制机制建设也需要完善，从而大力支持企业创新力度，激励企业技术创新。此外，随着科技投入不断增加，社会各界对科研经费、相关资金也十分关注，科技项目的公开，科研资金的使用效益、管理和监督亟待加强。我们必须以科研

---

① 本报评论员. 形成支持全面创新的基础制度 [N]. 人民日报，2021－06－02；习近平. 在中国科学院第二十次院士大会、中国工程院第十五次院士大会、中国科协第十次全国代表大会上的讲话 [N]. 人民日报，2021－05－29.

项目和资金管理改革为突破口，助推科技体制改革全面加速。

二、科技体制的不足

当前科技创新活动日益复杂，科研经费快速增长，科技体制还存在与科研活动规律特点不相匹配的地方。为此，我们必须深化制度改革和机制创新，完善项目管理和经费管理，激发科研人员的创造活力。目前，科技体制主要存在以下不足。

第一，科技资源分散封闭重复，共享机制不健全。现行管理体制下，各部门科技计划、专项数量较多，各类科技平台、研究中心、研究基地种类繁多，还存在边界不清、重复申报的问题，这导致科研资源相对分散。当前，除了科技部、中科院、自然基金委等科研资金量较大的部门，还有工信部、农业部、卫计委、教育部等不同主管单位分发科研课题。由于缺乏有效的统筹机制和沟通协调机制，各部门在研究方向引导上不可避免存在重复投入的问题。

第二，项目形成不够公开透明，信息封闭，监督不力。当前一些项目申报指南的形成、立项决策和项目过程，仍存在管理不透明、信息不对称等问题。如一些项目的立项程序复杂周期过长，承担单位实际科研能力薄弱，评审不透明，验收走过场等。此外，国家科技计划等科研成果没有实现共享和积累，科研人员创新活力不足。

第三，经费管理政策不完善、责任机制不健全，监督不够、惩戒不力。当前，经费管理政策还存在与科研活动特点不尽匹配的地方，如预算编制过严，结余经费全额上缴，这增加了科研人员使用经费时的压力。当出现经费违规使用问题后，也缺乏有效的惩戒手段，有时就以"整改"草草结束，缺乏警示作用。此外，项目管理部门、项目承担单位、课题负责人和评审专家之间也存在权责不明晰，一些环节存在管理疏忽和缺失，这也跟缺乏问责机制有关。

第四，激发创新创造活力的政策环境不够健全。科技突破和研发创新归根到底需要转化，运用到实际产业中去。但是，当前科技成果转化路径还不够畅通，一些企业尤其是事业单位和一些高校，还存在体制和政策上的障碍，导致科技研发成果转化的收入分配与科研人员的工作量不匹配，人才流动、知识产权保护还不够完善，导致创新主体的激励不足，研发热情不够。

三、完善科技体制的路径

当前科技体制存在的不足是多方面导致的，既有宏观体制不够协调、管理部门职能转变不到位、监管工作不得力等原因，也有课题承担方自身管理不规范、监督工作不完善等原因，因此只有通过科技体制改革，才能解决这些问题，确保科技体制与科技创新更相适，起到推动科技发展、激励科技创新的作用。对此，有以下可能的完善路径。

第一，科技立项管理改革。习近平总书记强调，"创新不问出身，英雄不论出处"。在对重大科技项目立项时，要敢于让有想法干事、有能力干事的人才牵头挂帅，不论资历，不设门槛，让创新含量和技术能力成为项目立项的唯一依据。项目组织管理时实行"揭榜挂帅""赛马"等制度。推行技术总师负责制、信用承诺制。在科研项目管理时，要善于做"减法"，减少分钱、分物、定项目等直接干预，只保留政策规划引导，给予科研主体更多的自主管理权。

第二，科研项目管理流程改革。首先，在项目指南编撰方面，应广泛征求相关科研人员意见，扩大意见收集范围，充分反映经济社会和技术领域的发展需求。其次，对项目实施过程中的管理，根据不同项目类别使用不同检查方式。如对于重大项目，应加强过程管理和服务，定期抽查监督完成进度；对于一般项目，可适当减少项目执行中的检查评价，为科研人员营造宽松的科学创造环境。最后，项目验收应及时，应当采用同行评议、第三方评估、用户测评等方式，严格按照规范和要求执行，避免出现验收"走过场"的现象。

第三，科研经费管理改革。科研经费是支持科研人员顺利开展研发工作的有力保障。针对当前科研经费存在的问题，应当简化预算编制，提供预算编写指导，按需编制经费，实事求是、科学地编制预算。科研资金拨付应及时，对于重大项目，可按照项目时点或完成节点拨付，有利于项目资金有序使用，提高使用效率。明确直接经费和间接经费的使用范围，改革结余经费管理，允许信用良好的项目承担单位保留结余经费，规定在一定时期内使用完，便于科研项目支持的持续性。对于课题验收时发现经费管理存在违法违规现象的承担单位，建立适当的"黑名单"机制，完善信息公开制度，形成内外合力的监管制度。

第四，科技人员激励改革。首先要完善科研人员的收入分配，建立健全与科研人员工作量、岗位职责和实现业绩相匹配的收入分配制度和激励机制，使科研人员的脑力劳动价值得到有效体现。其次要完善科研人员兼职制度，鼓励高水平人才使用兼职兼聘方式，在科研院所、高校和企业之间实现有益交流。同时，完善落实科研人员成果转化的收益分配，督促企业科技成果使用、处置和收益管理的改革，加强知识产权保护，落实科研人员转化收益。最后要改革科技评价和奖励制度，制定有效的激励约束机制，明确科研成果的评价和奖励，充分激发科技企业和科技人员的创造性。

参考文献

一、专著

贝尔纳. 历史上的科学 [M]. 伍况甫，等译. 北京：科学出版社，2015.

蔡晓月. 熊彼特式创新的经济学分析——创新原域、连接与变迁 [M]. 上海：复旦大学出版社，2009.

杜德斌. 全球科技创新中心：动力与模式 [M]. 上海：上海人民出版社，2015.

亨利·埃茨科威兹. 三螺旋 [M]. 周春彦，译. 北京：东方出版社，2005.

孙超英，等. 成渝经济区区域创新体系建设研究 [M]. 成都：西南财经大学出版社，2012.

王缉慈，等. 创新的空间——企业集群与区域发展 [M]. 北京：北京大学出版社，2001.

严红. 区域创新网络理论与成渝经济区创新网络建设研究 [M]. 成都：四川大学出版社，2010.

约瑟夫·熊彼特. 经济发展理论——对于利润、资本、信贷、利息和经济周期的考察 [M]. 何畏，易家祥，等译. 北京：商务印书馆，1990.

赵红州. 科学能力学引论 [M]. 北京：科学出版社，1984.

二、论文

R. DORE. Technology Policy and Economic Performance：Lesson from Japan [J]. Research Policy，1988（5）.

安璐. 全球科技创新中心：内涵、要素与发展方向 [J]. 人民论坛·学术前沿，2020（6）.

陈劲，阳银娟. 协同创新的理论基础与内涵［J］. 科学学研究，2012（2）.

陈涛，唐教成. 高等教育如何推动成渝地区双城经济圈发展——高等教育集群
　　建设的基础、目标与路径［J］. 重庆高教研究，2020（4）.

代明，梁意敏，戴毅. 创新链解构研究［J］. 科技进步与对策，2009（3）.

邓丹青，杜群阳，冯李丹，等. 全球科技创新中心评价指标体系探索：基于熵
　　权 TOPSIS 的实证分析［J］. 科技管理研究，2019（14）.

杜德斌，段德忠. 全球科技创新中心的空间分布、发展类型及演化趋势［J］.
　　上海城市规划，2015（1）.

杜德斌. 建设全球科技创新中心，上海与长三角联动发展［J］. 张江科技评
　　论，2019（1）.

杜德斌. 全球科技创新中心：世界趋势与中国的实践［J］. 科学，2018（6）.

段云龙，王墨林，刘永松. 科技创新中心演进趋势、建设路径及绩效评价研究
　　综述［J］. 科技管理研究，2018（13）.

范锐平. 高水平打造西部国际门户枢纽　加快建设"一带一路"开放高地
　　［J］. 先锋，2018（6）.

方兴东，杜磊. 中关村 40 年：历程、经验、挑战与对策［J］. 人民论坛·学
　　术前沿，2020（23）.

郭丽娟，刘佳. 美国产业集群创新生态系统运行机制及其启示——以硅谷为
　　例［J］. 科技管理研究，2020（19）.

何郁冰. 产学研协同创新的理论模式［J］. 科学学研究，2012（2）.

洪银兴. 论区域创新体系建设［J］. 西北工业大学学报（社会科学版），2020（3）.

洪银兴. 围绕产业链部署创新链——论科技创新与产业创新的深度融合［J］.
　　经济理论与经济管理，2019（8）.

赖明勇，张新，彭水军，等. 经济增长的源泉：人力资本、研究开发与技术外
　　溢［J］. 中国社会科学，2005（2）.

李炳超，袁永，王子丹. 欧美和亚洲创新型城市发展及对我国的启示：全球创
　　新城市 100 强分析［J］. 科技进步与对策，2019（15）.

李建军，王添. 汇聚高端创新人才建设国家科技创新中心的历史经验［J］. 山
　　东科技大学学报（社会科学版），2018（5）.

李猛，黄庆平．"双循环"新发展格局下的创新驱动发展战略——意义、问题与政策建议［J］．青海社会科学，2020（6）．

廖明中，胡彧彬．国际科技创新中心的演进特征及启示［J］．城市观察，2019（3）．

刘丹，闫长乐．协同创新网络结构与机理研究［J］．管理世界，2013（12）．

刘嘉宁．成渝经济区新兴产业科技创新绩效理论及实证研究［J］．软科学，2013（9）．

刘毅，王云，李宏．世界级湾区产业发展对粤港澳大湾区建设的启示［J］．中国科学院院刊，2020（3）．

罗若愚，赵洁．成渝地区产业结构趋同探析与政策选择［J］．地域研究与开发，2013（5）．

骆建文，王海军，张虹．国际城市群科技创新中心建设经验及对上海的启示［J］．华东科技，2015（3）．

沈子奕，郝睿，周墨．粤港澳大湾区与旧金山及东京湾区发展特征的比较研究［J］．国际经济合作，2019（2）．

盛垒，洪娜，黄亮，等．从资本驱动到创新驱动——纽约全球科创中心的崛起及对上海的启示［J］．城市发展研究，2015（10）．

盛彦文，骆华松，宋金平，等．中国东部沿海五大城市群创新效率、影响因素及空间溢出效应［J］．地理研究，2020（2）．

眭纪刚．全球科技创新中心建设经验对我国的启示［J］．人民论坛·学术前沿，2020（6）．

孙福全．上海科技创新中心的核心功能及其突破口［J］．科学发展，2020（7）．

谭文华．自主创新：区域经济发展的内在动力［J］．科技管理研究，2008（11）．

汪彬，杨露．世界一流湾区经验与粤港澳大湾区协同发展［J］．理论视野，2020（5）．

王宝玺．21世纪日本自然科学诺贝尔奖"井喷"现象成因研究——基于1970—2005年日本R&D投入计量分析［J］．科技管理研究，2018（11）．

王佳宁，白静，罗重谱．创新中心理论溯源、政策轨迹及其国际镜鉴［J］．改革，2016（11）．

王力．世界一流湾区的发展经验：对推动我国大湾区建设的启示与借鉴［J］．

银行家，2019（6）.

王文思. 粤港澳大湾区产业结构与优化路径研究——国际大湾区比较的视角［J］.
特区经济，2020（5）.

王铮，杨念，何琼，等. IT 产业研发枢纽形成条件研究及其应用［J］. 地理
研究，2007（4）.

王子丹，袁永，胡海鹏，等. 粤港澳大湾区科技创新中心四大核心体系建设研
究［J］. 科技管理研究，2021（1）.

吴敬琏. 制度重于技术——论发展我国高新技术产业［J］. 经济社会体制比
较，1999（5）.

肖林. 未来 30 年上海科技创新中心与人才战略［J］. 科学发展，2015（7）.

谢志海. 日本首都圈和东京湾区的发展历程与动因及其启示［J］. 上海城市管
理，2020（4）.

熊鸿儒. 全球科技创新中心的形成和发展［J］. 学习与探索，2015（9）.

杨爱平，林振群. 世界三大湾区建设"湾区智库"的经验及启示［J］. 特区实
践与理论，2020（4）.

杨晓波，孙继琼. 成渝经济区次级中心双城一体化构建——基于共生理论的视
角［J］. 财经科学，2014（4）.

叶伟巍，梅亮，李文，等. 协同创新的动态机制与激励政策——基于复杂系统
理论视角［J］. 管理世界，2014（6）.

叶玉瑶，王景诗，吴康敏，等. 粤港澳大湾区建设国际科技创新中心的战略思
考［J］. 热带地理，2020（1）.

翟琨，卢加强，李后强. 成渝地区双城经济圈一体化"化学键"形成探析——
基于轴心论的视角［J］. 中国西部，2020（1）.

张志强，熊永兰，韩文艳. 成渝国家科技创新中心建设模式与政策研究［J］.
中国西部，2020（5）.

周淦澜. 粤港澳大湾区科技创新能力研究——国际大湾区比较的视角［J］. 科
学技术创新，2019（34）.